零基础学护肤

《时尚芭莎》编辑部美容组　编著

青岛出版社
QINGDAO PUBLISHING HOUSE

图书在版编目（ＣＩＰ）数据

零基础学护肤 / 《时尚芭莎》编辑部美容组编著. —— 青岛 : 青岛出版社, 2016.6

ISBN 978-7-5552-4226-0

Ⅰ. ①零… Ⅱ. ①时… Ⅲ. ①皮肤－护理－基本知识Ⅳ. ①TS974.1

中国版本图书馆CIP数据核字(2016)第157310号

书　　　名	零基础学护肤
编　　　著	《时尚芭莎》编辑部美容组
出版发行	青岛出版社
社　　　址	青岛市海尔路182号（266061）
本社网址	http://www.qdpub.com
邮购电话	0532-68068091
策划编辑	刘海波　周鸿媛
责任编辑	曲　静
封面设计	「知世」书籍装帧设计
装帧设计	任珊珊　宋修仪
封面模特	娜　依
制　　　版	青岛艺鑫制版印刷有限公司
印　　　刷	青岛双星华信印刷有限公司
出版日期	2016年8月第1版　2021年8月第14次印刷
开　　　本	32开（890mm×1240mm）
印　　　张	7
字　　　数	160千
图　　　数	151
书　　　号	ISBN 978-7-5552-4226-0
定　　　价	32.80元

编校印装质量、盗版监督服务电话：4006532017　0532-68068050

印刷厂服务电话：0532-86828878

建议陈列类别：服饰美容类　时尚生活类

目录

 ## 基础篇：护肤必备技能

了解肌肤——开始护肤前的功课

选择适合你的护肤品

清洁——护肤第一步

目录

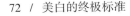

抗衰老——越早开始越好

进阶篇：拯救问题肌肤

再见！草莓鼻、红鼻头

下"斑"时间到

必胜战"痘"计划

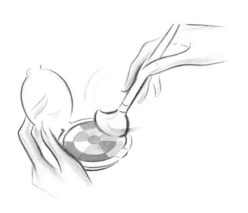

目录

 高手篇：细节精雕

"电眼"是怎样炼成的

基础篇：
护肤必备技能

　　很多姑娘知道要护肤也天天念叨护肤，却连护肤的程序都不了解。本章就是给各位"护肤小白"的扫盲课。护肤的第一步是先了解自己的皮肤，再根据自己的情况选择护肤品，然后才是学习日常的护理程序。一些你早已习以为常的步骤并不像你想的那样简单，清洁、保湿、防晒、美白、抗衰……这些都是你的必修课。

了解肌肤
——开始护肤前的功课

你的肌肤是哪一型？

我们都知道，对症下药，病才好得快。同样，对于我们的肌肤，也要因"肤"而异地开展护理工程。不同的肤质，洁面、防晒、保养等工作肯定都有所不同。只是，首先你得知道自己的肌肤是哪一型。

常见肌肤类型

干性肌肤：肤质细腻、较薄，毛孔不明显，皮脂分泌少而均匀，没有油腻感，皮肤比较干燥，皮肤角质层水分低于10%。

油性肌肤：由于皮肤油脂分泌旺盛，脸上、鼻翼两侧经常油亮亮的，毛孔粗大，肤质粗糙，皮质厚且容易生暗疮粉刺。

中性肌肤：皮肤油脂分泌正常，不油腻也不干燥，皮肤摸上去细腻而有弹性，是理想的皮肤类型，但是并不多见。

混合型皮肤：脸部的不同区域肤质具有较大差异，常见的是T字部位——额头、眉毛及鼻子周围呈现油性肤质特征，而脸颊部位则为中性或干性肤质。

敏感性肌肤：顾名思义，这种皮肤对周边的环境比较敏感，换季或遇冷热时皮肤会发红，容易起小丘疹，毛细血管浅，容易破裂形成小红血丝；并且皮肤较薄，天生脆弱缺乏弹性。

测一测，你的肌肤是哪一型？

- **洁面测试法**

  利用洁面后皮肤紧绷感持续的时间可以简单地判断肤质类型。

  洁面后，不擦任何保养品，面部会有一种紧绷的感觉。一般来说，干性皮肤洁面后绷紧感40分钟后消失，中性皮肤洁面后绷紧感30分钟后消失，油性皮肤洁面后绷紧感20分钟后消失。

- **触摸测试法**

  早晨起床时，用手触摸皮肤，感觉油腻的为油性皮肤；

  感觉粗糙的为干性皮肤；

  感觉平滑的为正常皮肤。

- **pH试纸测试法**

  我们的每层皮肤组织都有不同的pH值，由内层到外层越来越酸，皮肤表面pH为4.5~6.5。皮肤表面的弱酸性表层可防止细菌寄生，保护皮肤健康。

测定方法

用pH试纸擦拭鼻唇沟处汗液，对比pH试纸上的色块确定pH值，然后根据pH值判断肌肤类型。

中性皮肤：pH值为5~5.6

干性皮肤：pH值为4.5~5

油性皮肤：pH值为5.6~6.6

肤质不同，护理大不同

作为勤快的"美容达人"，要明白不同肤质，其护理方法也存在较大差异。"对症下药"才是护理肌肤的首要法则。

中性肌肤

对于中性肌肤，护理显得十分简单，只需要做基本的保养即可。

- 平均一周去一次角质。
- 每4~5天敷一次面膜加强水分调理。
- 上妆前尽量使用无油性隔离防晒产品。

油性肌肤

油性肌肤的问题较多，尤其是T字部位容易脱妆。由于脸上常排出油分水分，因此油性肌肤的毛孔总是张得大大的，很容易藏污纳垢，使肌肤摸起来总是粗粗的，因此护理的重点是清洁表面油脂。

- 平均一周去一次角质，可选用清洁能力强的产品来清除毛孔阻塞物。
- 每1~3天敷一次面膜加强补水和调理油脂。
- 日常护肤品一般选用控油性产品来吸收多余油脂，避免使用过于滋润的产品，以免阻塞毛孔，使脸上现有的粉刺、痘痘等恶化。
- 尽量使用无油或吸油性的保养品、化妆品，尽量少化妆。

干性肌肤

干性肌肤的护肤重点是保湿。由于肌肤缺少水分很容易长斑或细纹，因此也要做好抗衰老的工作。

- 平均2~3星期去一次角质。

- 坚持使用眼部护理产品，防止眼周的细纹加深。
- 每2天敷一次面膜加强水分调理。
- 使用滋润性的乳液、面霜等产品锁住水分。

混合性肌肤

混合性肌肤兼具油性肌肤和中性肌肤的特点，所以护理时T字部位要加强深层清洁，两颊则以保湿为主。

日常护理中，最好使用两种不同的化妆水：有爽肤作用的轻拍在T区附近，有保湿滋润作用的柔肤水用棉片抹在较为干燥的两颊。在干燥的季节里，整个脸部都要使用保湿乳液，尤其是两颊部位，可以重点涂抹，然后再用纸巾擦去油性部位多余的乳液。

敏感性肌肤

护理敏感肌肤时，要把握好"温和无刺激"这一原则。一般要选用温和的洗面奶，有时早上可以不用洗面奶，直接用清水洁面，这样对脸部的刺激较小。如果过敏严重的话还需要用专用擦拭巾来擦肌肤。

敏感肌肤不适合去角质，敷面膜的频率也应略减。强烈建议敏感性肌肤者在使用任何护肤品之前，一定要先试用，确认不过敏后，再开始正式使用。

❤ 美 肤 课 堂

肤质也会发生改变

由于影响皮肤的外在因素随时在变，因此肤质也会跟着改变。今天的肤质不一定和昨天的一样，不同的季节肤质也会不同。像混合性肌肤，就很容易演变成油性肌肤，所以要时刻关注肤质的变化，采用不同的护理方式，切不可墨守成规。

抽烟、生活环境或使用错误的保养品等外在因素皆会影响肤质，如果没有把这些因素考虑进去，你所做的皮肤保养工作就是不完整的。

科学护肤，早晚有别

俗话说：世上只有懒女人，没有丑女人。懒女人总想图省事，用一套护肤品从早抹到晚，结果往往与美丽无缘。

早晨的护肤为新的一天拉开序幕，而晚上的护肤则使人恢复自然素颜，两者有着截然不同的目的，护理重点自然也不一样。

早间护肤重点

早晨的肌肤经过一夜的修护，正处于最佳的状态，所以不需要太多的护理，只需要温和地清洁即可。不过这时候，肌肤和你一样，处于又"渴"又"饿"的状态，因此应着重保湿及锁水两项，一般可选用含骨胶原及透明质酸成分的日霜。

另外，晚前一若睡眠质量差，清晨醒来双眼可能会浮肿，这时可使用具有消除浮肿功效的眼部产品，并适当作眼部按摩，还可以促进淋巴循环，排出多余水分，有助于加速血液循环和收紧眼袋。

当然，化妆前千万别忘了抹上防晒隔离产品，肌肤一天的防御能力全靠它们来支撑。

❤ 美肤课堂

出门前敷一个保湿面膜，不仅能增加肌肤水分，亦令妆容更加服帖。油性肌肤的人，也可于上妆前在T区涂上控油产品，可令妆容保持得更久。

晚间护肤重点

一天的劳碌奔波后，皮肤饱受紫外线、灰尘等环境因素的侵害，需要及时护理。此外，皮肤自身修复的黄金时段是每晚的10点至次日凌晨2点，因此，做好晚间护理显得尤为重要。

晚间护肤第一步是重视清洁工作，可通过卸妆、洁面、擦化妆水、使用面膜等步骤，彻底清洁脸部的脏污。由于晚间皮肤吸收能力好，因此更适合选择精华素或是高浓度的保湿晚霜。跟日霜相比，晚霜通常都比较滋润，能防止水分流失，令肌肤看起来更年轻、更嫩滑。

💛 美 肤 课 堂

护肤品只买对的，不买贵的

普通护肤品与高档护肤品的差异，主要表现在高档护肤品营养成分更多，功效更强。但敏感性肌肤的人，用了营养成分丰富的高档护肤品后，皮肤会更易敏感，所以，应尽量挑选适合自己肤质的护肤品，而不是盲目跟从广告。

选择适合你的护肤品

护肤品也讲 "先来后到"

梳妆台上早已摆满了各种瓶瓶罐罐，可只要听说某名牌又有新产品问世，还是会毫不犹豫地买回来，这就是盲目爱美的女人。要做个理智女人，就应该清楚知道自己要的是什么，应该买什么。现在就跟随笔者开始学习如何理智地购买护肤品吧！

———————————— 护肤品分类 ————————————

如今市面上的护肤品种类纷繁复杂，但按照功能来分，大致上可以分为以下两类。

- 基础护肤品

基础护肤品，就好比是一日三餐，要是哪天三餐不到位，身体就会不舒服，皮肤若是缺少了基础护肤这一关，也会很不舒服。所以，基础护肤是每天必须做的功课。基础护肤品除了一般洁面产品之外，还包括化妆水、乳液、面霜、防晒霜、精华素等，其中霜类又可分为日霜、晚霜、眼霜、护手霜。

- 功能性护肤品

和基础护肤品相比，功能性护肤品就好比是用来强壮身体的补品，有一定的针对性。比如针对痘痘、暗沉肤色、色斑等肌肤问题的滋润霜或者面膜，都属于功能性护肤品。但是我们都知道，补品吃得太多，对身体也是有副作用的。若长期使用某一类功能性护肤品，就会影响肌肤自身的修复功能，因此，这类护肤品应适当适量地用。

♥ 美 肤 课 堂

护肤品需要经常更换吗？

一般来说，护肤品更换不要太频繁。因为一种护肤品是否有效，不是几天就可以感受到的。所以，最好以半年为周期。当然，也不能因为某种护肤品效果好，就长期使用这一种，皮肤都是有抵抗性的，再好的护肤品，使用久了效果也会减弱。

使用护肤品的正确顺序

按什么顺序来使用护肤品是很关键的。要是胡乱在脸上涂抹一通，再好的产品也被浪费了。

清洁完皮肤之后，基础护肤品的使用顺序是这样的：

爽肤水——精华素——眼霜——乳液/霜（二者选其一，皮肤油就选乳液，皮肤干一点就选霜）——具防晒功能的隔离霜/防晒霜（只适合白天使用）。

不管是基础型还是功能型护肤品，使用顺序都应坚持一个原则，即"先水、中乳、最后油"，也就是说，越稀薄的护肤品越要用在前面，油性成分越高的越要放在后面使用。因为油性的护肤品滋润度较高，能在肌肤表面形成保护膜，如果先使用了油性成分比较高的护肤品，再抹其他护肤品则不容易吸收。

♥ 美 肤 课 堂

护肤品是选择同一品牌的一套，还是可以不同品牌随意搭配？

护肤品的搭配犹如服装搭配，如果你不是高段位的搭配高手，还没掌握好搭配的技巧，混搭只会让你显得不伦不类。还是按照商家为你配好的套装使用吧，虽然缺乏变化，但起码减少了出错的几率。

护肤品中的四大热门词汇

市面上的护肤品五花八门，价格不一，实在让人挑花眼。这边的专柜小姐会跟你推荐"纯植物、无刺激"，那边的促销人员又会强调"来自海洋矿物质、保湿效果好"。究竟该选哪一种才好？明智的决定是：看清配方再行动。

以下就是常见护肤品中所含的有用成分，一起来了解一下吧！了解了它们，你才可以在选购护肤品时有的放矢、得心应手，选到最适合自己的！

氨基酸——抗皱

人皮肤角质层的40%都是氨基酸，如果皮肤缺少氨基酸，就会出现皱纹。如今许多护肤品中都加入了氨基酸成分，其中最红的当属"胜肽"（由两个或两个以上氨基酸组成的氨基酸链）。胜肽能指挥肌肤细胞发生作用，促进皮肤胶原蛋白生成，是抗皱紧肤的好帮手。

胜肽也有不同的种类，其中六胜肽能够抑制神经传导，放松表情纹，淡化皱纹，被称为"类肉毒杆菌素"；九胜肽能阻断MSH（促黑激素）的传导，减少黑色素生成。

玻尿酸——保湿

美容大王大S说过，女明星没有玻尿酸就活不下去。究竟玻尿酸是何方神圣呢？

它原名透明质酸，是保持皮肤滋润度和柔软度的重要武器。

刚出生时人体内都含有丰富的玻尿酸成分，随着年龄增长玻尿酸会不断减少。含有玻尿酸成分的护肤品不仅性质温和，而且有超强的吸水能力，能增加皮肤的含水量，保持肌肤的滋润度，让肌肤呈现应有的弹性和光泽，并且使用后没有任何的不适感。

如今也有不少女明星通过注射玻尿酸，达到养颜护肤的目的。

左旋维生素C——美白

与美白有关的护肤成分有很多，比如汞、熊果苷、果酸、对苯二酚等，但它们大多对人体有较大的副作用。只有左旋维C是公认的较为安全的美白成分，它由维生素C精华液中提炼出来，有美白、抗皱、淡斑等多重作用。

左旋维C作用于表皮层，可以阻挡紫外线，能防晒；同时还可以降低酪氨酸酶的活性，预防黑色素的产生，淡化斑点。左旋维C作用于真皮层，则可以促进胶原蛋白生成和对抗自由基，防止皮肤细胞受损老化。

辅酶Q10——抗氧化

辅酶Q10是一种脂溶性酶，存在于人体内，具有延长生命及抗自由基的作用。在护肤品中添加辅酶Q10，能补充人体自身生产的不足，令肌肤活化、更新，有效预防细纹和皱纹。此外，辅酶Q10性质非常温和，没有刺激性，也没有光敏感性，因此可以在任何时间使用，即使是敏感肌肤也不用担心。

总有一款洗面奶适合你

　　哪种洗面奶效果最好？怎样挑选最优质的洗面奶？这些问题其实没有答案，因为永远没有最好的洗面奶，而只有最适合的洗面奶。不同的菜对不同人的胃口，洗面奶，也要根据个人的实际需要来挑选。

不同肤质，不同选择

　　油性皮肤的人，因为皮肤分泌的油脂比一般人多，所以需要选择一些清洁能力比较强的产品。通常需要选择一些皂剂产品。因为皂剂产品去油能力强，又容易冲洗，洗后皮肤会感觉非常清爽。

　　混合型皮肤主要是T区比较油，而脸颊部位一般是中偏干性。针对这种情况，选择洗面奶要在T区和脸颊部位取个平衡。夏天可以用一些皂剂类产品，清除T区油腻；而秋冬季节，可以换成普通的泡沫洗面奶，滋润两颊。

　　如果你有幸是中性皮肤，那护理起来就比较容易，选择洗面奶的范围也比较大。可以根据特殊的需要，如祛斑、美白、保湿等，选择相应的洗面奶。

干性皮肤最好不要使用泡沫型洗面奶，不然越洗越干。可以用一些清洁油、清洁霜或者是非泡型洗面奶，这类产品肤感比较清爽。

最难"伺候"的皮肤莫过于敏感肌肤了，选择洗面奶也要"敏感"起来，不然皮肤越洗越受伤，让人后悔莫及。适合敏感肌的洗面奶是"三无产品"，即标明了无香料、无防腐剂，除了滋润保湿外，没有任何其他的附加功能（美白、去痘、去斑、去皱等作用）的产品。

不同年龄，不同选择

不同年龄段的人，选择的洗面奶重点也不一样。20岁左右的年轻肌肤油脂分泌比较旺盛，洁面时可以选择皂类、泡沫类产品，因为这类产品的碱性强，对油脂有很强的清洁力；30岁左右的肌肤油脂分泌比20岁时要减少很多，建议选择乳液类产品温和洁面，或者使用很细腻的泡沫类洁面产品；40岁的女性肌肤相对缺乏弹性，推荐选择含有氨基酸成分的洁面乳，可以为肌肤补充营养。

问：洗面奶可以使皮肤变得更白吗？

答：洗面奶的主要功能是清洁，一般来说，不具有美白效果，但只有清洁工作做好了，皮肤才能更好地吸收美白护肤品，所以对美白也有一定的间接作用。有些洗面奶中添加了适量的皮肤美白剂，如香白芷、熊果苷等，久用会有一定的美白功效。

问：一年四季用同一种洗面奶，对皮肤有伤害吗？

答：季节在变，洗面奶当然也要变。春秋季，空气里灰尘较多，气温变化无常，肌肤容易过敏，这时应该选择无添加剂、有消炎功效的产品。夏季气温升高，油脂分泌不平衡，感觉脸上总是油油的，这时要选择清爽且具有控油效果的产品。冬季应选用性质温和兼具保湿成分的产品，如乳霜类产品，尽量少用或不用清洁力过强的洁面产品。

化妆水，嫩滑肌肤的"开胃酒"

俗话说，女人是水做的，所以女人一定要学会补水。除了给身体喝水，皮肤也要多喝水，这个"水"就是指护肤产品中的"化妆水"。

化妆水顾名思义，是一种像水一样流动的液体，是日常护理中重要的护肤产品，它不但可以保湿和滋润肌肤，更有柔软及清洁肌肤等多重功用。

你该用哪种化妆水

常用的化妆水大致可分为中性和酸性两类，不同的肌肤，适合的化妆水也不一样。

- 酸性化妆水

也被称作收敛水、紧肤水。它含有一些酸性的原料，能抑制角质层中油分的外溢，使毛孔、汗孔收敛，使皮肤紧绷，增加皮肤的弹性，适用于油性皮肤，也适合于化妆前使用。

- 中性化妆水

亦称营养水、爽肤水，有稳定肌肤、平衡肌肤酸碱性的功效。一般中性及干性肌肤适宜选择这类化妆水。涂抹后皮肤感觉比较清爽，还能为肌肤补充水分。

♥ 美肤课堂

用化妆棉来擦化妆水，会有一定二次清洁和去角质的作用。对于敏感和干燥肌肤来说，用手来拍打化妆水，会让皮肤更镇定，吸收更彻底。

质感厚重的精华化妆水，更适合用手来涂抹，不易造成浪费，配合按摩，功能性不输面霜和精华。

化妆水当作面膜湿敷是最基础的化妆水活用，想要效果更好，就在纸膜外加一层保鲜膜或保湿啫喱，确保水分的去向是肌肤而不是空气。

化妆水使用步骤

一般情况下，使用化妆棉涂擦化妆水即可，建议按下面的步骤进行：

1. 取两张化妆棉叠加，这样可以保证其柔软厚实，拍打的效果更好。

2. 用足够量的化妆水浸润化妆棉，一定要确保正反两面都浸透。

3. 以轻轻拍打的方式让化妆水被皮肤吸收。

4. 鼻翼等"边角"地带一定要照顾到，此时化妆棉要比手指更好控制。

5. 洁面时发际线区域有时会因为匆忙而有残留，此时化妆水可以帮助平衡肌肤的酸碱度。

6. 完成后用干净的双手轻轻按摩脸部，确保皮肤表面的化妆水被完全吸收而不是蒸发。

面霜乳液，肌肤的"营养大餐"

一桌丰盛宴席中最重要的是什么？自然是有分量的"压轴菜"了。在我们这场护肤盛宴中，面霜和乳液正是扮演了这一角色。

面霜乳液，各取所需

面霜和乳液的作用都是滋润肌肤，给肌肤补充营养，是基础护肤中最重要的一步，不过两者还是略有差别。

- 乳液是一种液态的滋润霜，又称蜜类护肤品。其最大的特点是含水量高，比同体积的面霜的含水量多一两倍，能迅速地为皮肤补充水分。
- 从外表而言乳液是液体状的，面霜是膏状的。
- 乳液一般吸收会比面霜快一点，但是没有面霜的滋润性强。很多品牌都有在乳液之后使用的修护霜，白天直接涂抹乳液即可，晚上在抹上乳液之后还可以再涂抹一层修护霜加强保护作用。

面霜分早晚

面霜分日霜和晚霜，白天使用日霜，晚上使用晚霜。

日霜除了有修护、保湿、抗皱、紧肤等功能外，其最大特色在于可以防御环境（如紫外线、空气污染等）对肌肤的伤害。市面上的日霜一般都含有防护、隔离功能，因为这些产品中多含有防晒因子，具有一定的SPF防晒系数，或含紫外线过滤剂，所以适合白天出门前使用。

夜晚，是肌肤的休眠阶段，晚霜这时就大显身手了。晚霜的活性成分较高，质地比较滋润，一般也具有保湿、修护、美白、抗衰老、紧致、营养滋润等功效，还能修护肌肤白天受到的损伤，及时补充营养，让肌肤变得更有弹性、更加细腻。

面霜和乳液的分类

总体来说，面霜和乳液都会按适用的肤质不同分为滋润型和清爽型。一般情况下，偏油性皮肤者要选择质地清爽的，而干性皮肤者则应选择滋润型的。季节不同，面霜和乳液的选择也有所不同，比如冬、春季天气比较干燥，就选择滋润些的产品；而夏季比较湿润，就要选择相对清爽一些的产品。

面霜和乳液的使用手法

1. 一般说来，乳液的使用量不会超过化妆水的量，约1角钱硬币大小即可。但如果感到肌肤非常疲倦或是肤色暗沉，就说明肌肤需要更多的水分和营养，可适度加量。

2. 将乳液均匀地抹在两颊、鼻头、额头、下巴等5处，然后按照由内往外、由下往上的要领，用中指或无名指画圆涂抹均匀。

3. 轻柔地按摩眼睛四周的敏感部位。脸部涂好后，用手掌裹住脸部，让乳液渗入并去除黏腻感。

注意

不要将面霜或乳液倒在手心再抹。因为掌心温度高，它们很容易被吸收，正确的方法是倒在虎口，即大拇指和食指中间的位置。虎口是手部温度最低的地方，可以减少营养成分的吸收。此外，这里的皮肤最接近脸部肌肤，万一过敏，可以提前察觉。

精华素，肌肤的"强心剂"

聪明女人的化妆包里，一定会有一瓶精华素。它是一种高浓度及高机能性的保养品，有极好的美容效果。就像给病情严重的病人做紧急抢救一样，精华素，也是拯救问题肌肤的"强心剂"。

虽然精华素比较高昂的价格让不少女性望而却步，但它良好的功效还是迎来了不少忠诚粉丝。只是，使用精华素时一定要了解，你适合使用哪一款，要是用错了，精华就不再是精华，反而是白花花的银子打水漂了。

使用精华素要节制

不少"美容狂人"为了增强效果，恨不得一口气抹下一瓶精华素，或者是一口气抹上好几种精华素。即使你不心疼银子，也应该心疼一下你的皮肤，在正常的情况下，一下子来这么多"山珍海味"，给肌肤过度的营养，反而有害无益。

最好还是参照产品说明书上的用量，再根据个人情况灵活运用。易出油的T区不要用太多，两颊特别干燥时可以适当增加用量，并配合拍打按摩，确保增加的用量充分被肌肤吸收。一般来说，合适的用量是夏天每次2~3滴，冬天每次3~5滴，一小瓶精华素（24ml）大约可使用半年。

如何使用精华素

精华素用在滋润皮肤的环节最好，也就是洁面、化妆水之后的那一步，因为爽肤水能够帮助皮肤形成皮脂膜，更利于精华素深入到肌肤深层。千万不要在乳液或乳霜之后使用精华素，否则，精华素的成分只能被它们吸收而不能被皮肤吸收。

我们往往会对精华素的作用寄予厚望，因为精华素是真正对症下药、解决问题的护肤产品，这份浓缩的美肌希望，当然要配以最优手法。

精华素使用手法

1. 将精华产品涂抹到全脸五点，再由每点延展开。

2. 对有细纹的部位使用抗皱精华时，用一只手展平细纹，另一只手以指腹轻柔按摩至精华被完全吸收。

3. 有斑点或皱纹的重点部位可以加大精华用量，剪一片保鲜膜敷在针对部位，能最大限度地发挥精华的作用，有立竿见影的效果。

配合精华素的1分钟按摩手法

1. 食指弯曲，从眉毛上缘起，将额头部位的皮肤向上推拉提升。

2. 向外向上提拉眼角，用指节刮眼眶，引导皮肤循环。

3. 由下巴出发，沿脸部边缘刮至两腮边缘，疏导淋巴排毒，让轮廓更紧致。

防晒和隔离，肌肤的"贴身护卫"

　　防晒与隔离，都是为保护肌肤远离紫外线、空气污染而设计的。但如果你认为，防晒、隔离只是夏天必做的功课，那只能说明你的美容理念还停留在初级阶段。

　　要知道，防晒与隔离可是我们一年四季都要坚持的。即使紫外线不够强，还有空气污染物、电脑辐射等来"骚扰"肌肤，对此我们不可不防。

防晒霜与隔离霜的区别

　　两者都具有防晒功能，不过隔离霜还具有美白、保湿、隔离彩妆的作用。相比一般的防晒霜，隔离霜成分更精纯，更容易吸收，而且可以减轻空气污染、电磁辐射以及紫外线对皮肤的侵害。

　　如果你是办公一族，只是上下班的路上会与阳光相遇，那只擦些隔离霜就可以了。但是如果你需要长时间待在日照强烈的户外，还是使用专门的防晒霜才更安全。

根据肤质选择防晒产品

　　根据质地不同，防晒霜可划分为防晒乳、防晒露、防晒喷雾、防晒油等。不同肤质的人在选择防晒霜和隔离霜这两种产品时，应有所区别。

• 干性肌肤

　　干性肌肤原本就缺水，所以应选择质地滋润有补水功效以及能增强肌肤免疫力的防晒产品。并且挑选防晒产品时不要紧盯SPF数值（主要体现产品对UVB的防护能力）不放，检查产品是否能隔离UVA（长波紫外线）更加重要，因为UVA会损伤皮肤中的胶原蛋白，使肌肤失去弹性，产生皱纹，让肌肤更加干燥。

• 油性肌肤

　　最好选择渗透力较强的水剂型、无油配方的防晒产品，使用起来清爽不油腻，不堵塞毛孔；千万不要使用防晒油。如果脸上还有比较严重的痘痘、发炎或者皮肤破损等症状，要暂停使用防晒产品。

• **敏感性肌肤**

选择防晒产品时，一定要注意产品说明是否明确标注"通过过敏性测试""通过皮肤科医师对幼儿临床测试""不含香料、防腐剂"等字样。

❤ 美 肤 课 堂

防晒产品的防晒机理可分为物理性防晒和化学性防晒两种。物理性防晒就像为肌肤筑起一道墙，通过反射掉UVA、UVB，达到防晒效果，不过涂抹这类产品往往会感觉有些油腻。

化学性防晒则是让防晒成分进入肌肤后，将由外进入的UVA、UVB吸收过滤掉。化学性防晒产品比较常见，它质感清爽，但不适合敏感型肌肤使用。

涂抹防晒产品注意事项

SPF值越高，防晒时间越长，但并不意味着防晒效果更好。日常使用的产品以不超过SPF30为好，长期使用高指数的防晒产品，容易导致肌肤过敏。

防晒产品并不是涂上就有效，而要足量才能发挥效应。通常在皮肤上涂抹量为每平方厘米2毫克时，才能达到应有的防晒效果。跟其他护肤品一样，防晒产品需要一定时间才能被肌肤吸收，最好在出门前10~20分钟涂抹，并且根据需要，随时补擦。

涂防晒产品时，千万不要忽略了脖子、下巴、耳朵等部位，以免造成肤色不均。具体动作是，先用手将防晒产品在脸上涂抹开，然后抹至下巴、脖子、耳朵后面，和擦面霜的手法一致。如果是夏天，身体裸露处也必须涂上一定量的防晒产品。

清洁
——护肤第一步

洁面，没你想的那么简单

众所周知，护肤第一步当然是对心爱肌肤的清洁工作，这其中最主要的工作当然就是洁面。

如果以每天洗两次脸来计算，你一生要洗几万次脸，这个数字有点惊人吧！我们生命中要洗这么多次脸，千万不可掉以轻心了。别以为洗脸就是用水打湿脸部，或者用点洗面奶揉搓一下就完事了。有些粗心的女人总以为，洗脸是一件再简单不过的事，其实，你还真不一定会洗脸。

知道吗，我们皮肤上的许多组织如皮脂腺、汗腺、角质等，都会因每天的新陈代谢而容易形成污垢，尤其是现在的环境污染日益严重，毛孔中堆积的垃圾会越来越多。如果每天只是简单地用清水冲洗，而未使用正确的方式洗脸，那就算是白洗了。这些垃圾藏在皮肤里，慢慢会引起皮脂酸化及毛细孔堵塞，导致皮肤发炎，甚至其他不良症状，日积月累起来，我们脸上可有点恐怖了。

所以，正确地洗脸是每天护理肌肤的第一步，也是至关重要的一步。

洗去脏物，使肌肤处于无污染状态

就像擦玻璃有讲究一样，正确的清洁方式能去除面部的汗渍、油垢、粉底、皮屑等，使皮肤处于尽可能无污染和无侵害的状态中。

促进皮肤的新陈代谢

洗脸的过程也是一个皮肤调整和放松的过程，它可以有效地激发皮肤活力，使毛孔充分通透，充分发挥皮肤正常的吸收、呼吸、排泄功能，保持皮肤的健康状态和良好的新陈代谢。为什么现在的美容SPA（水疗）中心生意那么好？一方面因为在那里能够护肤，另一方面的原因是我们的皮肤也可以得到放松。

调整皮肤pH值处于正常范围

正常状态下，皮肤应该呈弱酸性，一般来说，正常皮肤的pH值在6左右。受外界气候、饮食或情绪的影响，这种状态也会被破坏。清洁皮肤可以调节皮肤的pH值，帮助皮肤恢复正常的酸碱度。

避免使用化妆品引发的负面作用

使用的化妆品再好，如果清洁工作做得不彻底，长年累月对皮肤的侵害和损伤也是相当严重的。特别是化妆品中的碱性不良成分残留在皮肤上，会使皮肤处于危险状态，长此以往，后果不堪设想。

一天应该洗几次脸?

不少油性肌肤的姑娘一到夏天,脸就变得"油光可鉴",所以喜欢拼命地洗脸,一天洗个四五次,恨不得把脸上的油都洗干净。还有些姑娘发现,每次洗完脸后痘痘似乎又严重了一些,脸变得红通通的。追根究底,这都是洗脸次数过多造成的。

正常情况下,一天洗两次脸即可。不过,对于不同的季节、不同的肤质,洗脸次数也有讲究。

对于油性肌肤者而言,多次洗脸其实并不能解决油腻现象。因为正常肌肤自身要保持一种水油平衡的状态,过分清洁皮肤会使肌肤表层缺水,体内为保持水油平衡,会加速分泌油脂,最后形成油性肌肤特有的"外油内干"现象。

敏感性肌肤由于肤质敏感,对于外界的刺激反应十分强烈,因此洗脸次数也不宜过多。不然洗掉了脸上的保护层,皮肤会更容易过敏。

所以,如果在春秋等气候适宜的季节,一般一天洗两次脸即可,早晚各一次。但如果是夏天,皮肤容易出油,油性肌肤的人可适当增加洗脸次数;要是冬天,过于敏感的肌肤应适当减少洗脸的次数,可以在晚上用洁面产品洗一次,早上只用微热的水清洗即可。

♥ 美 肤 课 堂

油性肌肤如何避免"外油内干"

不要以为洁面产品在脸上敷得越多,皮肤就会洗得越干净。其实,洁面产品一次使用量过多,容易破坏皮肤的水脂膜,造成皮肤紧绷甚至干燥起皮。如果用水清洗得不彻底,洁面产品的残留物还会留在脸上,对皮肤造成刺激。

洗脸水大有讲究

洗脸、洁肤，都离不开水。不要小瞧了这洗脸的水，就算使用再好的洗面奶，如果洗脸水不对，也达不到应有的效果。

热水还是冷水

- 观点一：用热水洗。热水能使毛孔张开，更利于深层清洁，且水蒸气有利于滋润皮肤。

- 观点二：用冷水洗。冷水能使毛孔收缩，不会使皮肤松弛，还能提高抗寒能力。

- 正解：这两种观点都是错误的。热水（38℃以上）对皮肤虽有镇痛和扩张毛细血管的作用，但经常使用过热的水洗脸会使皮肤脱脂，血管壁活力减弱，导致皮肤毛孔扩张，皮肤容易变得松弛无力、出现皱纹。冷水（20℃以下）对皮肤虽然有收敛的作用，但长期使用过冷的水洗脸，会引起皮肤血管收缩，使皮肤变得苍白、枯萎，皮脂腺、汗腺分泌功能减弱，皮肤弹性丧失，甚至早衰。

正确的洗脸方式是采用温水和冷水交替的方法，即先用温水（34℃左右）清洗面部，再用冷水拍打，这样不仅能达到清洁皮肤的目的，而且，通过水温的冷热变换，可使皮肤浅表血管扩张和收缩，增强皮肤的呼吸作用，促进面部的血液循环，达到美容的效果。

❤ 美肤课堂

用流动的水来洗脸

最佳的洗脸水应该是流动的水，换句话说，最好不要用洗脸盆洗脸。且不论洗脸盆是否干净、卫生，单说洗脸过程中，脸盆里的水就已是被污染过的，用来清洗只能是"二次污染"。所以，最好还是选用流动的水。

正确的洗脸方式与手法

洗脸是我们每天都会做的事，可正确的洗脸方式并非人人都懂。不少女性的洗脸方法都有错误或疏漏，而许多肌肤问题正是由此引起的。正确的洗脸方法可以让你的肌肤更加洁净细腻，并且能让皮肤更全面地吸收营养。

洗脸先洗手

首先一定记得把手洗干净，脏手揉出来的泡沫对洗脸一点儿益处也没有。不少人总是省略这一环节，直接将洗面奶挤在手上。你可曾想过，这样的洗面奶已经不干净了，又怎么可能洗出干净的脸。

清洗脸部要彻底

将洗面奶涂在脸上后，很多人都是用水草草冲一下就算完事，这种习惯相当不好。一般而言，冲洗的时间约为洗脸时间的三倍比较合适。洗面奶冲洗不干净易造成皮肤问题。洗脸后，还应该对着镜子检查一下，看脸上有没有未冲洗干净的泡沫。

♥ 美 肤 课 堂

每次洗脸的时间不宜过长，洁面产品留在脸上的时间最好不超过1分钟，否则，过度清洁会洗掉皮肤本身具有保护作用的油脂层，脸会感觉很干，毛孔也会变大。

洁面好手法

由于在面部停留时间较短，洁面产品是差异性最小的基础护肤产品，所以能不能获得理想的洁面效果，手法就显得格外重要。

1. 取足量的洁面膏在手心，沾水开始打泡。

2. 不要急于将产品迅速地用在脸上，只有泡沫达到图中这么多，洁面效果才会好。

3. 用泡沫清洁全脸皮肤。最终能够深入毛孔清洁皮肤的是洁面产品而不是我们的手，所以手指不必触摸到脸，也能洗得干净。

4. 洁面时手不要给皮肤太大压力，移动范围尽量小一点，用指腹打小圈，用力方向向上，不要向下拉扯。

5. T区油脂分泌旺盛，可以多花一些时间按摩。

6. 如果T区和U区肤质区别太大，可以换用不同的洁面产品，或单独再清洁一遍T区。

洁面海绵知多少

也许，你已经用手洗脸很久了，但事实上，还有一种更科学、更安全，也更受广大明星美女们喜欢的洁面神器——洁面海绵。顾名思义，洁面海绵就是专门用来清洁面部的海绵。洁面海绵和作为粉扑用的海绵有很大的相似性，不过它的表面孔隙略为疏松，能温柔地去除皮肤角质。

用洁面海绵能将脸部洗得干净清爽，尤其适合化过妆的或者油性皮肤的女士，此外，洁面海绵还可以防止洗面奶的残留。有些手指无法触及的地方也可以选择洁面海绵，帮助你彻底清洁。

洁面海绵洗脸步骤

1.先将海绵用温水打湿，倒上适量的洗面奶。

2.轻轻揉搓海绵，直到出现丰富的泡沫为止。

3.将泡沫涂于脸颊，轻轻按摩1分钟（注意眼睛、鼻孔和嘴）。

4.用清水洗净脸上的泡沫，再用洗净后的海绵轻轻吸干脸上多余的水分。

海绵保养很重要

　　洁面海绵是洗脸不可缺少的伙伴，可是海绵用久了，其中就会积存一些污垢。为了延长它的寿命，最好每次用完后就好好洗一洗，最少一星期洗一次，具体清洗方法如下：将海绵放在清水里轻轻搓揉，搓洗干净后用双手压干，平放在干燥通风的地方。切记不可放在潮湿处，否则就会有霉菌侵袭，还要注意不能有强光照射。一般来说，洁面海绵的寿命是一年左右。每天上妆的人，最好3个月到半年就更换一次海绵，以确保其干净柔软、不伤肤。

❤ 美 肤 课 堂

如何挑选海绵

　　主要以海绵的触感和弹性作为判定的首要因素。好的洁面海绵摸起来应该有柔软的触感，并且富有延展性。还有一个辨别方式是将海绵对折，互相搓一搓。如果没搓几下就掉海绵屑，这样的海绵绝对是残次品，不予考虑。

清洁肌肤不要忘了这些"死角"

我们的家中总有一些不易清扫的"卫生死角"，肌肤也一样。若没好好善待这些容易被忽视的边边角角，你的清洁必定就是只清不洁，肌肤自然会跟你闹脾气。

鼻翼两侧

如果对脸蛋上最容易遗漏的清洁盲区做个大调查，那么鼻翼两侧连同鼻唇沟的位置一定是收到投诉最多的区域。一旦清洁不到位，粉刺和痘痘就会毫不留情地冒出来，时间久了可怕的草莓鼻就会找上你。所以在日常清洁时一定要多"关照"一下鼻翼及鼻唇沟的部位。如果黑头严重，可以每周一次用洁肤油按摩清理。

发际线附近

靠近发际线位置的皮肤总显得比别处暗沉？偶尔还会突然冒痘痘？这极有可能是残留的彩妆或防晒产品导致的，未完全冲洗干净的洁面产品也可能是元凶。

以手洁面时，往往不会特别按揉发际线的位置，残留的彩妆和防晒剂以及细小污垢就会堵塞毛孔。洁面仪恰恰能帮你解决这个问题，它的清洁力度均匀且深入，能让洁面剂的效果加倍，有轻微去角质的功效，一般肌肤建议每两天到三天使用一次。

耳郭

虽然我们常说"眼不见为净"，但越是眼睛看不到的地方，越是要注意卫生，因为你看不到，别人可是看得到的。许多人洗脸的功夫做到了家，却忽略了自己的耳朵，外露的耳郭，因为疏于护理，变成了难看的"黑耳郭"，那可是真正的"侧脸杀手"。

早晚洗脸时，别只顾着脸，耳后、耳郭都要用湿毛巾轻轻拭擦，避免污垢堆积。此外，一个星期最好选一天，以沾湿的棉花棒仔细清洁耳后、耳郭以及耳朵内部。

脖子

　　脖子是最能泄密女性年龄的部位。当脸部的皮肤被洗得干干净净，并抹上各式各样的营养滋润霜时，脖子一无所有，默默哀伤。久而久之，一条条颈纹形成，就是它在抗议你对它的不公平待遇。

　　因此，在清洗脸部的时候，别忘了关照一下脖子，用洗面奶认真清洗。为了避免颈纹产生，在清洗时最好采用由下往上的按摩方式，提升颈部皮肤。

去角质，让肌肤光彩透亮

清洁肌肤，可不仅仅是"面子"功夫，称职的"清洁工"会从里到外都打扫干净，我们的肌肤也需要这样的"大扫除"——去角质。角质通俗的叫法就是死皮，是皮肤细胞不断生长代谢的产物。如果角质层变厚，皮肤会慢慢失去光泽，甚至产生皱纹、痘痘等，因此要定期去除角质。

也许有人会觉得，不是天天都在用洁面产品洗脸吗，为什么还要去角质呢？那是因为洁面产品清洁的作用有限，只能清除皮肤表面的脏物，要想深层清洁去除角质，还得依赖专业的去角质产品。

去角质产品知多少

去角质产品的种类有很多，若按照其强度排序，依次为磨砂型、化妆水型、面膜型、乳液型等等。

因为皮肤的生长周期大约是一个月，所以去角质的周期一般为一个月一次。不过根据皮肤的个体差异，次数可以有变动。皮肤油脂分泌比较旺盛的人，就可以缩短为两周一次。

不同肌肤用什么

选用去角质产品时，一定要对照自己的肌肤来进行。一般来说，肤质越干、越脆弱，越要选择强度小的去角质产品。

① 油性、中性、混合性肌肤建议使用磨砂型、化妆水型、面膜型、乳液型去角质产品，清洁效果比较好。

② 干性肌肤、成熟老化肌肤建议使用化妆水型、面膜型、乳液型去角质产品，比较温和，没有刺激。

③ 长青春痘的肌肤或敏感性肌肤建议使用化妆水型、乳液型去角质产品，并且减少去角质的次数，避免加重过敏情况。

去角质步骤

　　以磨砂膏为例，去除角质时，一般有以下五个步骤。

　　1. 将磨砂膏倒入洗净后的手心，揉搓散开。先由下巴的U形区域开始，用手指以螺旋方式向外打圈，将隐藏在下巴的污垢清除。

　　2. 再从鼻翼两侧轻轻向外打圈，清除囤积在鼻翼两侧的黑头、粉刺。

　　3. 将双手慢慢移至额头，打圈到额头两端太阳穴处。

　　4. 由内至外地从面庞中央向两侧打圈。

　　5. 用温水清洗掉脸上的污垢，再及时滋润皮肤。

去除角质要适度

虽然去角质能深层清洁皮肤，但角质层毕竟对皮肤是很重要的，它能保护皮肤免受外界伤害，防止水分流失。如果过分地去角质，很容易导致皮肤变得又干又痒，由于缺少了角质层的保护，皮肤也会变得敏感不已。

问：脸上很油，感觉角质层也很厚，可以两种去角质产品一起使用吗？效果是否会更佳？

答：一般不建议同时使用两种以上的去角质产品，过度去角质会损害皮肤的天然屏障，加速肌肤的老化。通常根据自己的肌肤年龄和状态，选择使用一种去角质产品就足够了。

问：去角质对治疗色斑有用吗？

答：色斑是由于黑色素细胞分泌黑色素过多，或皮肤黑色素颗粒分布不均匀，导致皮肤局部出现的深色斑点或斑片。如果仅进行日常的去角质护理，只能起到清洁的作用，不能从根本上治疗色斑。

电动洁面仪该怎么选？

如今，各式各样的电动洁面美容仪纷纷涌现，价格不菲却又各自打着神乎其神的高科技旗帜，让你看得眼花缭乱。又是考验你精明与否的时刻了！好的机械手，并非简单的"代替"双手，而是要有质的区别，如果只是为了给双手省力，那你的钱肯定花错了地方。市面上流行的电动美容刷具主要分为物理旋转式和超声波式两大类，让我们先来看看它们的清洁原理和特点：

物理旋转式

- 清洁原理

　　1. 利用高频振动的方式来达到清洁目的，频率可调节至适合敏感肌使用。

　　2. 以360度打圈的方式旋转清洁肌肤表面，通过一定的摩擦来帮助清洁产品发挥功效。

　　3. 转动频率为每分钟300~500次；绵密亲肤的刷头直径小于毛孔的平均直径，细小到微米级。

- 特点

1. 转速均匀可控，可以减少由于手动清洁力度不均匀所导致的过度清洁或清洁不给力的现象。

2. 属于加强型的洁面辅助工具，可根据肤质调整转速，比手动清洁更智能。

3. 能深入毛孔清洁油污，同时帮助去除老废角质。

超声波式

- 清洁原理

1. 以高于20000赫兹的超声波震荡摇摆方式，迎合肌肤天然弹性曲线，温和去除表皮污垢和角质。

2. 每秒300次的高频震荡，促使洁面过程中的液体流动产生数以万计的微小气泡，微小气泡在超声波中迅速增长，并陆续爆破，进而温和深入毛孔，去除不溶性化妆品残留。

- 特点

1. 超声波的频率能降低洁面仪与肌肤的摩擦力，保护肌肤胶原蛋白不被破坏。

2. 其清洁功效是传统清洁、卸妆洁肤功效的2~6倍。

3. 大幅度提升肌肤对后续保养品有效成分的吸收力。

4. 有效改善毛孔粗大问题，令肌肤更有光泽、更透亮。

与物理式洁面刷相比，超声波洁面刷更智能、更先进，两者价格差距也较大。前者适用于急于摆脱角质层肥大困扰的皮肤，类似于"为表皮层安全打磨"的概念；后者则把"让毛孔自由呼吸"的概念发挥得淋漓尽致，不仅能促进皮肤自然血液循环，对于表皮毛孔堵塞引起的痤疮肌肤来说，也是一大福音，不同的刷头还适用于全身肌肤。就性价比角度而言，物理式的洁面仪在基础清洁上比手动清洁要专业许多。你可以节省大量去美容院的时间，在家享受专业的电动美容乐趣。

卸妆
——再忙也不可省略的
关键步骤

清洁源于彻底卸妆

    如果你问专业的化妆师"化妆会不会伤害皮肤",那么他给你的回答很有可能是"一般不会,只要你彻底卸妆就行"。看吧,后面的这句特别重要。其实,就算你不化妆,也应该养成天天"卸妆"的好习惯,就如同要天天洗脸一样。

    外出一天,空气中游离的重金属、油性污染物容易附着在脸上,用一般的洁面产品不一定能彻底清洁。此外,防晒隔离产品同样也属于脂溶性产品,要用卸妆产品才能彻底清除,所以说卸妆是清洁必不可少的一个环节。

卸妆步骤

    1.取适量的卸妆产品,用化妆棉或指尖均匀地涂于脸部、颈部,以打圈的方式轻柔按摩。

    2.在鼻子处,以螺旋状由外向内轻抚。

    3.卸除脖子的粉底要由下向上清洁。

    4.用面巾纸或化妆棉将脸上的卸妆产品拭净,直到面巾纸或化妆棉上没有粉底颜色为止。

卸妆的正确顺序是先卸彩妆，再卸底妆。也就是说从妆容较浓的部位开始，由浓到淡，按照口红、眼影、眼线、睫毛膏、腮红、粉底的顺序逐步卸妆。

卸妆后，一定要用洁面产品进行二次清洁

许多人卸妆之后会有一种错觉，感觉卸妆产品把脸上的污垢全部溶掉了，并且用化妆棉一擦，皮肤立刻透气了，于是，就觉得皮肤已经很干净，不需要再用洁面产品了。

这种想法可是大错特错。虽然彩妆已经被卸掉，但卸妆产品的残留物还在脸上，何况皮肤本身代谢出来的产物、粉尘、汗液等等都混在卸妆产品里，这等于脸上还是有许多看不见的污染物，不用洁面产品二次清洁是绝对不可以的。

♥ 美 肤 课 堂

在没有专用的卸妆产品时，也可以用润唇膏、婴儿油或润肤乳等产品来代替卸妆产品。因为这些产品中的油分含量比较大，可以帮助卸妆。

参加完派对后，脸上可能会有很多亮片，用胶带轻轻粘去脸上和身上的亮粉，再卸妆就比较容易了。

卸妆产品怎么选？

"工欲善其事，必先利其器"，要想做好卸妆工作，好的卸妆品自然是不可少的。那么，在琳琅满目的卸妆产品中，哪一种才是宝贝肌肤的最爱呢？

卸妆油

卸妆油其实是一种添加了乳化剂的油脂，一直被认为是最优质的卸妆产品。因为彩妆品大多以油性成分为基底，按照"相似相溶"的原理，卸妆油就成了最能带走脸上彩妆的卸妆品。

使用卸妆油时，双手及脸部需保持干燥。将硬币大小的卸妆油抹在脸上，用指腹以画圆的动作轻轻按摩全脸肌肤1分钟左右，溶解彩妆及污垢。再用手蘸取少量的水，在脸上重复画圆动作，将卸妆油乳化，接着再轻轻按摩约20秒，最后使用大量的清水（以微温的水为佳）冲洗干净。

♥ 美 肤 课 堂

卸妆易犯错误

1.手心湿湿的就蘸取卸妆油，还没使用卸妆油就先行乳化。

2.不轻轻按摩脸部，卸妆油未能充分溶解彩妆就用水冲掉。

卸妆乳/霜

卸妆乳与卸妆霜的性质相似，质地比卸妆油更加清爽好冲洗，并且卸妆后皮肤不会有紧绷感，很适合干性或混合性肌肤使用。

不过卸妆乳液或者卸妆啫喱，清洁能力相对较弱，比较适合化淡妆时使用。这样的产品要微微加一点水湿润之后使用，否则会太黏腻，不易在全脸均匀延展，造成清洁上的遗漏。

卸妆易犯错误

把卸妆乳当成按摩霜，以为按摩越久效果越棒，那样只会把好不容易按摩出来的彩妆污垢，又让皮肤吃回去，产生反作用。

卸妆凝胶

卸妆凝胶属于不含油脂的卸妆产品，是卸妆产品中的新秀，清爽而不油腻，可直接用水冲掉，不必用化妆棉。

选择凝胶质地卸妆产品的女孩大多因为厌倦了卸妆油的黏腻。由于使用凝胶状产品时脸上会有冰凉的感觉，因此卸妆凝胶在炎热的夏天更受欢迎，特别建议油性肌肤或T区爱出油的混合性肌肤者使用。不过因为凝胶的去污能力较其他产品要弱一些，所以更适合化淡妆的女性使用。

如何挑选优质的卸妆产品

选择卸妆油的关键是"彻底清除彩妆且不伤害肌肤"，过于营养的植物萃取物如酪梨油、核果油等，不但会造成肌肤的负担，卸妆效果也不一定好。通常说来，选择葡萄籽或是橄榄萃取的卸妆油会更安全。

选择卸妆乳/霜时，产品除了要满足彻底清洁和不刺激肌肤的要求，若能添加甘草、芦荟等抗过敏成分就更完美了。这样不仅能适当地舒缓肌肤压力，更能在卸妆后平衡肤质，让肌肤维持水嫩状态。

大多数卸妆凝胶的卸妆和清洁功力较差。因此选择添加去角质柔珠颗粒或者水杨酸等成分的产品，能增强卸妆效果，同时促进肌肤角质代谢。

绝对不可忽略的眼部卸妆

面部彩妆中最难化的是眼妆，同样，最难卸的也是眼妆。因为眼部使用的化妆品较多，若没有及时清洗干净，便会阻塞毛孔而导致粉刺出现，甚至会引发眼部发炎等疾病。所以，眼部卸妆，着实能考验诸位的卸妆本事。

因为眼睛部分的皮肤组织较为脆弱，因此不宜使用一般的清洁用品，应该选择眼部专用卸妆品——眼部卸妆液。不过有些爱偷懒的姑娘，喜欢直接用脸部卸妆油来卸除眼部彩妆，这样其实很不好。因为许多脸部卸妆品并不会像眼部专用卸妆液那么温和、无刺激，很可能会对眼部造成伤害并影响卸妆效果。

眼部卸妆步骤

1. 首先，将厚厚的化妆棉浸透卸妆液，轻轻按在眼皮上3~5秒，让睫毛膏、眼影、眼线等彩妆品与卸妆液充分结合，接着按照上下和左右的方向轻轻擦去彩妆。

2. 接下来将化妆棉对折两次，用四个角来轻轻擦拭睫毛根部，这样可以去除残留的眼线和睫毛膏。注意不要用太多的卸妆液，否则会有大量残留物留在眼皮上，容易导致脂肪粒。

3. 如果使用了防水型的睫毛膏，则需要做进一步的清洁处理。将化妆棉对折后放在下眼皮处，将棉签蘸上卸妆液后轻轻擦拭上睫毛。可以一边滚动棉签一边擦拭，不习惯用棉签的人，也可以用折后的化妆棉替代。

4. 用化妆棉的四角轻轻擦拭下眼皮，将掉落到下眼皮的眼影和眼睫毛擦干净。最后将化妆棉放在上眼皮处，用棉签将残留在眼睫毛下端的睫毛膏擦拭干净。如果下睫毛也涂了睫毛膏的话，就用相同的方法将其卸掉，多余的卸妆液用干净的化妆棉轻轻拍干。

眼部卸妆注意事项

1.卸妆前先清洁双手，以免手上的细菌污染卸妆产品。

2.卸妆时不要用大力擦拭，要顺着眼部肌肤的纹理移动。

3.佩戴隐形眼镜的人，卸妆前一定要摘掉眼镜。

美唇卸妆技巧

"樱桃小嘴""性感红唇"都是形容美唇的词语。水润丰盈的唇部能自然演绎出女性娇媚的浪漫气质。而日常生活中吃饭、喝水、说话，都要用到这两片嘴唇，保养工作自然也不能省略。口红、唇膏、唇蜜、唇彩、唇冻……这些可都是让嘴唇神采奕奕的好帮手。不过这些好帮手，要是不及时卸下来，"红润"可就变成暗淡无光了。

在不少人看来，所谓的唇部卸妆就是简单地用纸巾擦掉口红而已。殊不知，长此以往，唇部会变得越来越干燥，唇纹也越来越深。所以说，唇部卸妆和面部、眼部卸妆一样，需要细致耐心地一步一步来。

唇部卸妆步骤

1.以纸巾或卸妆棉轻轻按压唇部，吸收掉唇膏里的油分。

2.将眼唇部专用卸妆液，倒在两片化妆棉上，待化妆棉完全被沾湿后，轻轻敷在双唇上数秒。这个时候，最好微笑，便于嘴唇的皱褶展开，使卸妆液能全部渗透进去。

3.等卸妆液溶解嘴上的唇膏后，再用化妆棉由外围向唇部中心垂直擦拭唇部。

4.换一张湿的化妆棉，用力将嘴唇向两侧拉开，发出"一"的声音，卸除积于唇纹中的残留口红。

5.再将棉花棒蘸满卸妆液，仔细拭去存于唇纹中的残余彩妆。

保湿
——护肤之根本

保湿不等于补水

保湿，不就是给肌肤补水吗，这事你早就知道了？事实上，保湿和补水并不是一个概念。保湿，是防止皮肤表面水分流失，并在其外部形成保湿膜；而补水则是将水分输送到皮肤细胞中去。所以正确的顺序应该是：先补水，后保湿。

水从哪里来

要保湿，先补水，那水从哪里来呢？最简单也最重要的补水方法自然是喝水。我们的身体一天需要8杯水，这8杯水该怎么喝呢？

- 一次喝水量不可过多也不可过少，以200~300毫升为佳。
- 各种水中，白开水是补水效果最佳的。
- 喝水也分时间，晨起宜饮一杯水，临睡前不要喝水。

保湿，因"肤"而异

不同的肤质，保湿方法大不一样。

油性肌肤，主要强调清洁工作，所以定期去角质是必备的项目；然后再通过收敛水、保湿乳液来滋润肌肤，帮助肌肤减缓水分流失，形成锁水的保护膜。

如果是干性肌肤，除了选用高强度的保湿护肤品外，按摩膏是必备的单品。它可以为肌肤补充营养，让肌肤细嫩光滑。使用的时候千万不要吝啬用量，将按摩膏均匀地抹在脸上各部位，按从内到外的顺序打圈式轻轻按摩，两颊要从下往上按，手法要轻柔。

如果是敏感性肌肤，保湿重点在于温和，无论是洁面，还是滋润，都不可以"下猛药"。不妨从防护入手，因为敏感肌肤的表皮层较薄，对外界刺激防御能力较弱，所以必须涂上防护隔离产品。

如果是混合性肌肤，则要分别对待，针对不同的部位，做好相应的保湿工作。

一年四季都要"保湿"

不少人以为，只有在秋冬季节才需要保湿吧。错！保湿是不分季节的，是一年四季都要完成的"作业"。

春季多风、干燥，常常会让皮肤感觉紧绷绷的，并且这个季节的肌肤比较敏感，所以应尽量选择质地温和又保湿的护肤品。

夏日高温，长期享受空调冷气的美女们，脸上水分流失的速度几乎是其他季节的2倍。因此，夏季选择清爽不油腻的化妆水和防晒隔离产品是日常保养的首选，能长时间补充和锁住肌肤的水分。

秋季气候比较干燥，中医理论认为，这一季最易损伤人体内的津液，导致人体内部"缺水"，使皮肤变得干燥、粗糙，甚至出现细纹。所以，此时可选用一些含有透明质酸和植物精华等保湿配方的滋润乳液或化妆水。

冬天的气候相比春天更加干燥，水分蒸发得快，所以此时使用的保湿品油性要大。最好选择水溶性的洁面品，并减少洁面次数。

❤ 美 肤 课 堂

水润肌肤的小秘密

1.护肤品里若含有维生素E或维生素B_5等，保湿效果会更明显。

2.每周2~3次，用保湿面膜来滋润干燥的肌肤，尤其是冬天，补水面膜不可或缺。

3.睡前喝一小杯红酒，血液循环会加快，皮肤对保湿产品的吸收力会明显增加。

4.熬夜的人更容易出现肌肤缺水现象，所以早睡早起也是保湿的秘诀。

培养肌肤"抓水力"

"抓水力"强的肌肤都是一样的澎润，而缺乏抓水力的肌肤却总有不同的干燥症状，以下几点特征，只要你符合三项或以上，后面的肌肤抓水培训，请立刻参加。

1.肌肤对湿度变化很敏感，经常要准备许多不同保湿力的护肤品才能四季过关。

2.肌肤感到干燥的频率很高，喷雾不离手。

3.被干纹困扰，甚至干纹有持久化的趋向，就算补水后干纹也不容易消失，最明显的是眼周和嘴角。

4.补水产品很难到达肌肤底层，就算表面看起来已经很润，自己做表情时还是感到紧绷不舒服。

5.恨不得每天都要做保湿面膜，加湿器二十四小时运转。

6.妆容服帖度变差，用大多数底妆产品都有浮粉现象。

7.每次护肤要使用三种以上有保湿功能的产品才安心。

8.即使在空气湿度比较大的日子里还是会感到肌肤干燥。

9.喝水很多，但仍然经常感到口渴。

10.肌肤会经常起干皮，有时有泛红和干痒等敏感症状。

11.洁面方式跟以前一样，但是最近洗完脸后却开始感到紧绷。

肌肤从"补水"到"锁水"再到"抓水"的能力不是一夜之间练成的，而要在每一步护肤中逐步培养，以下详细的"理水"步骤，可以助你告别肌肤干燥，享受前所未有的澎润感觉。

用对洁面产品，肌肤不再闹水荒

洁面的底线是——不能洗干肌肤里的水。相比真正具有保湿功能的护肤品来说，洁面产品的功能和它在肌肤上停留的时间决定了它并不是"补水"的第一选择，但却是让肌肤之后能够良好吸收水分的基础。

　　一般来说，无泡的乳霜状洁面产品比泡沫洁面产品感觉更加滋润，但滋润和清洁力之间仍然需要足够的平衡。因为清洁作为护肤的第一步，只有去除障碍，后面的理水步骤才能顺利进行。所以如果你不是极干和敏感性肌肤，无需对泡沫洁面产品过于警惕，只要避开碱性皂基，含有氨基酸类洗净成分的洁面产品还是对肌肤大有好处的。干净和不紧绷，绝对不是水火不容的存在。

　　除了洁面产品之外，水温也是值得注意的，和体温相近的温水最能保持肌肤中的水分，过热或过冷都会加剧干燥。如果需要高温下毛孔打开的效果，应该尽量使用蒸汽而非热水。

化妆水带来透明感

　　化妆水在护肤中的作用在很多情况下被低估了，对于想要"精简"护肤步骤的人来说，化妆水往往是最容易被减去的。事实上，它的效用绝不仅仅是承接清洁和润肤步骤那么简单。

　　不管之后的保湿精华和面霜有多给力，对于普通的肌肤来说，吸收都需要时间和条件，这个物理过程是再高的科技也无法绕过的。缺失水分的肌肤，看上去总带些干燥的苍白，而明亮剔透的视觉效果，一定是肌肤内部水分丰沛时才有的。

使用化妆水的过程，就是令肌肤组织慢慢享受水分浸润，并使水分直达深处的过程，所以化妆水不仅要用，还要让它在肌肤上多流连片刻，让整个角质层都能接收到足够的水分，体会到"补"的感觉。这一步对于弥补水分的流失，至关重要。

直击干涸深处的精华液

如果说保湿有万能灵药的话，那定非精华液莫属。由于用量相对较少，精华液的"补水"功能往往不会对它的"抓水"功能喧宾夺主，和直白的"缺水补水"相比，精华液到底是如何发挥作用的呢？

一般来说，精华液都有比常规护肤品更优的渗透性，能够到达肌肤更深处，弥补长久以来的水分亏空，同时提高其他护肤品的渗透能力。一些保湿精华液还能提高肌肤对水分的吸收能力——"补水"的局限性就在于，如果肌肤固执地不肯吸收，那么再水润的产品都好比左手进、右手出，难以对改善干燥起到效用。保湿精华液中含有的营养成分还可以通过提高肌肤活力、强健肌肤组织的原理，提升肌肤保水的能力。长期干燥受损的肌肤，由于细胞的吸收能力有限、海绵组织的塌陷等种种原因，往往对水分消化不良，修复肌肤的锁水功能，也是保湿精华液的重任之一。

当然，保湿精华的最高境界，莫过于为肌肤提供"抓水"能力。一方面，提升微循环能够让肌肤更好地捕捉到外界和身体内部提供的水分；另一方面，优秀的保湿精华中含有的活性物质本身就有从外界"抓水"的能力，更能够长久保持肌肤的水润状态。

乳霜提升丰润度

在我们谈"水润"的时候，往往会自然而然地将唯一的主角看成"水"。实际上，水润的状态其实是水和油脂共同作用的结果，如果油脂被忽略，肌肤锁水和抓水的功能都会大打折扣。

补水就一定要用高含水量的无油产品，这是感官给我们带来的误区。事实上，许多以保湿补水为诉求的产品，会做成清爽的质感和外观，但并不代表它们的有效成分仅仅是水。即使是无油乳霜，其中也会含有水之外的醇类或酯类成分，以确保水分能够到达肌肤内部并长久保存。因此，在选择面霜时，大可放开表面的"水润"标准，选择一款真正比例完美的乳霜。在之前以补水为主的护肤程序做足之后，用适当的油脂将水分尽量锁住，会令肌肤的丰润更加持久，更不畏惧干燥环境的侵袭。对于秋冬季面部容易起皮屑的人来说，补水和补油几乎同样重要。

周期性加餐，抓水力大跃进

保湿面膜确实可以天天做，但如果肌肤干燥到了需要每天做面膜的程度，那么也是时候检讨肌肤的锁水和抓水能力了。

对于已经被干燥损害的肌肤来说，一周内的密集补水护理十分必要，只有这样突击型的护肤，才能将受损肌肤迅速扳回正轨。在干燥的季节，每周进行至少两次的面膜"加餐"，除了立竿见影的补水效果外，也是提升肌肤抓水能力的好办法。因为好的保湿面膜，提供的不仅仅是几十分钟肌肤和水分亲密接触的机会，还能将精华成分源源不绝地输入肌肤深处。

角质调理垫足保湿屏障

调理角质，就好比修复吸水的海绵。不管是补水、锁水还是抓水，都要有健康的角质作为保障。角质层过薄，水分吸收起来容易，蒸发得也快。过于厚重的角质会阻止水分有效进入肌肤底部，而内部结构过于松弛和受损严重的角质层将严重影响肌肤的保水功能。

如果你的症状是角质过薄或不健康导致皮肤紧绷干燥，那么保湿本身就是对角质修护的一部分。只不过在保湿之余，还需要矿物质和胶原蛋白等辅助成分，以促进角质修复，达到良性循环的效果。如果是角质过厚引起的水分吸收不良，适度的去角质会加强水分和保湿成分的吸收，这一方法适用于大多数健康的肌肤。

用保湿底妆给水分加分

别看底妆不属于护肤品，但作为肌肤外部一道实实在在的屏障，底妆的保湿作用不可小觑。而一旦选错底妆，肌肤的水分也可能会被你的粉妆带走，干燥症状也会加剧。

在秋冬等干燥的季节，选择底妆时，产品的水分和油脂含量都可以比夏季适当增加，让底妆不成为保湿的负担，而变成保湿的功臣。乳霜状粉底液不仅质感适合秋冬季，其哑光的妆感也十分应景，配合仿佛饱含水珠触感的晶莹散粉，能为水润美肌守护好最后一道锁水屏障。

抓水物质的秘密

除了训练肌肤自身能力之外，补充哪些物质可以有助于肌肤抓水？

• 最传统的抓水物质，比如甘油，可以确保我们的肌肤在外界环境相对湿润的情况下从外界源源不绝地获得水分。

• 最受欢迎的抓水物质当属玻尿酸，这种可以抓取自身体积1000倍水分的成分，摆脱了外界湿度的限制，被广泛使用在保湿美容品中。

• 高科技抓水物质也有不少，比如多糖，比如天然柴胡萃取物，这些物质能够更精确更持久地抓取水分。

如果无法找到一款最贴心的保湿品，根据肌肤对不同成分的需求和外界环境的变化，自行组合保湿护肤程序，比如挑选有效成分各异的化妆水、精华和面霜，是更加精彩的创意护肤混搭。

护肤达人终极保湿强招

　　长久水润的肌肤绝非一日能养成，而要在每一日的护理中细心培养，以下方法都是保湿达人私藏已久的保湿强招，可助你先人一步练就抓水肌。

选对洁面 提升表层锁水力

Diana（Avene雅漾公关经理）

　　"各种保湿手段当中，我更在意的是皮肤是不是足够有活力、循环是否正常，角质功能是不是健全，足以去吸收那些保湿成分。比如晚上回到家洗完澡保养前，我一定会先泡脚，不同季节还会加入不同的精油去帮助全身提升循环；早上出门前，我会用一个有排水排肿功能的滚轮，先做脸部和淋巴的滚轮按摩，让肌肤"动"起来后，再去做基础保湿和其他护理。另外选择温和的洁面产品能保证角质层屏障功能健全，肌肤本身锁水力变好，保湿产品才会真正见效。"

高保湿面膜——随身急救保镖

柳燕（美容护肤达人）

　　"高保湿的面膜的渗透力很强，进入肌肤的保湿成分效果会维持24小时以上，所以我会随身带着含有高保湿因子、透明质酸、角鲨烯等成分的免洗涂抹式保湿面膜。它甚至可以代替面霜使用，即使在最干燥的机舱里也可以安稳地睡去，遇到干燥脱皮的现象，厚厚地敷上一层过夜，第二天情况就能明显改善。如果害怕黏腻的感觉，可以在敷完全脸后10分钟，用纸巾轻轻按压掉表面的残余。"

提高肌肤免疫力 突破保湿平台期

奕方（知名撰稿人）

"PM2.5数据一直显示'极不健康'，环境污染的问题一如既往的一言难尽，无休止的年底大事件……肌肤细胞的免疫力和对外界环境污染的抵抗力都在饱受挑战，肌肤连健康都没保障，也就难怪你的保湿精华总显得不给力。因此，保湿这条路上我最重视的就是'精华前一步'的护理，在使用保湿精华前先拍上一层能稳定肌肤、增加肌肤水嫩饱足感的基底精华水，长久坚持下来，就算是在干热的暖气室内、阴冷的户外环境，皮肤也能感到滋润一整天。"

精华水叠加 效果赛精华

董刚（美容总监）

"保湿是护肤的基础课，我常年的保湿步骤里都少不了两瓶高机能精华水。先用一瓶质地类似化妆水的精华水拍打于脸部，或者倒于化妆棉片或纸质面膜上，迅速敷在严重干燥或敏感区域持续1分钟，迅速为角质层补水。然后再用一瓶质地黏稠的精华水，厚厚地涂在脸上，犹如将一层高浓度精华面膜敷于面部，均匀拍打至吸收。我可以不用保湿精华，但是必须拍上这两层精华水。"

精华油才是保湿万金油

小新（化妆品配方师）

"肌肤留不住水分，往往是因为角质层的脂质屏障遭到破坏，这时不仅要补水，还得加'油'。精华油就能帮到你。植物油中含有丰富的不饱和脂肪酸，可以修复和强健皮脂膜，而且它还是一种'跨界'产品，是含有护肤精华成分的护理油，利用分子极小的植物油，承载护肤精华，也更易被肌肤吸收。对于极其干燥甚至脱皮的皮肤，可以将精华油混搭在面霜中使用，也可以在清洁后的护肤第一步先用精华油按摩肌肤，强健角质层保水功能，再进行其他保养程序。"

水光注射 肌肤的隐形水膜

丁小邦（医美专家）

"随着年龄增长，皮肤内的有助抓水的成分透明质酸会大量流失，水光注射就是一种新型的保湿策略。将小分子的透明质酸，用点阵的方法，均匀地注入表皮下，这些透明质酸分子就像无数的抓水精灵，保证皮肤能最大限度地吸收护肤品中的保湿成分。做完之后再敷保湿面膜，你会发现皮肤就像发光的灯泡一样饱满充盈，保湿效果也更加持久；同时水光注射也会收紧毛孔，适合极干燥和吸收力特别差的肌肤类型，但是敏感肌和皮肤屏障功能差者，要慎重使用。"

三明治式保湿法

吴淼（美容达人）

"所谓'三明治'式的保湿法就是在洁面后先水、后油、再加水的护肤方法。用这个方法不但能让你即刻看到膨弹的肌肤，同时也可以解决护肤油在使用感受上的油腻感。第一层水用敷的，可以选择先敷一片保湿面膜，或者将面膜纸浸泡在具有提升肌肤后续吸收力的精华水中敷脸5分钟，再将掌心温热，均匀按压两滴护肤精华油在脸上，再拍上一层化妆水，再继续后续的精华等护肤步骤。"

保湿还得靠内调

白百合（演员）

"晚上敷面膜是我常常用来保湿皮肤的方法。敷面膜前我会先用精华基底液打底，基底液能快速打通皮肤通道，保证面膜成分高效吸收，再用一张功能性面膜'加压营养'，就能很快地解决干痒这样的问题。另外，我还会一年四季都吃一种养颜粥，它里面有各种豆子磨成的粉，还有芝麻、核桃、茯苓、何首乌、红枣、枸杞，和麦片一起慢慢熬成胶状就能吃了。它能综合调理皮肤状态，润泽肌肤。"

不同肌肤 保湿成分对号入座

家弘（健康美肤专家）

"肌肤在不同的年龄阶段或皮肤状态下，缺少的保湿成分也大不相同，应视肌肤的状况而做对应的补充。如年轻健康的肌肤皮脂膜健全，直接选择含有抓水功能的透明质酸和甘油的保湿产品就好；痘痘肌肤怕'闷'，则要避开大分子黏稠保湿剂和油性皮脂保湿成分，以免阻碍油脂排出，使痘痘恶化；熟龄肌肤和干荒肌肤，既缺少天然保湿因子又缺少皮脂成分，可能需要水性保湿产品和油性保湿产品同时用才能建构完整保湿板块。"

自制保湿面膜

不要以为自己才20岁就不需要保养，不需要美容。到了干燥的季节，不管什么年纪，缺了水分的脸一样像皱巴巴的苹果，让人不忍直视。所以，无论你是20岁、30岁，还是40岁，都要做好"保湿"这件大事！

最好的保湿工具，就是我们日常使用的面膜。品牌面膜虽好，但价格往往令人咋舌。勤快的姑娘大可尝试自己制作，又省钱又放心。

鲜奶马铃薯蛋黄面膜

材料：鲜奶100克，马铃薯1个，鸡蛋1个。

制作步骤：

1.将马铃薯洗净，去皮，磨碎后放入玻璃器皿中。

2.鸡蛋用过滤勺分离蛋清与蛋黄，取蛋黄和磨碎的马铃薯混匀，加入鲜奶，用搅拌棒或筷子将其搅拌成糊状。

3.将面膜稍微加热后继续搅拌均匀。

使用方法：将面膜轻轻涂在脸上，15分钟后用温水洗净。

美丽解密：鲜奶马铃薯蛋黄面膜可以为干燥的肌肤补充水分，有效改善皮肤状态，使肌肤变得更加光滑水嫩、紧致和细腻。此款面膜适用于干性肌肤，每周可使用2~3次。

注意

发芽或生黑斑的马铃薯有毒，制作面膜时千万不能使用，以免损伤皮肤。

玫瑰水滋润保湿面膜

材料：干玫瑰花3大匙，蒸馏水半杯，面膜纸1张，保鲜膜1块。

制作步骤：

1.蒸馏水煮沸后，冲泡玫瑰花。

2.5~10分钟后，用无菌滤布将玫瑰花残渣滤掉，留取液体，冷却后备用。

使用方法：洁面后，将面膜纸用玫瑰花水浸湿，敷在脸上，再敷上一层保鲜膜加强效果。20~30分钟后，取下保鲜膜和面膜纸，用清水冲洗脸部。

美丽解密：玫瑰花水不但能滋润皮肤，还能有效延缓肌肤衰老，抑制皱纹产生。加上面膜纸和保鲜膜，可提升肌肤保湿力与细胞修护力，使喝足了水的肌肤焕发出炫目的光彩。本款面膜如果一次没用完，可放在玻璃器皿中，密封冷藏，在一周内用完即可；每周可使用2~3次，适合于任何肤质。

苹果玉米粉水嫩面膜

材料：苹果1小块，玉米粉3大匙，纯净水适量。

制作步骤：

1.将新鲜苹果和少量纯净水放入榨汁机中，榨取汁液。

2.用无菌滤布将苹果渣过滤掉，留下汁液。

3.将玉米粉加入汁液中，调匀成糊状。

使用方法：洁面后，用软毛刷蘸取面膜，涂抹于脸上。10~15分钟后，用清水将脸洗净即可。

美丽解密：苹果含碳水化合物、苹果酸、蛋白质等营养物质，敷在脸上具有细致肌肤、润肤保湿、强化肌肤储水功能的作用。玉米粉则有抗氧化，保护皮脂以及留住皮肤中的水分的作用，还能促进肌肤再生，延缓肌肤老化并使之柔嫩。这款面膜适合于任何肤质，每周可使用2~3次。

香蕉蜂蜜面膜

材料：香蕉半根（选择快要烂掉的香蕉会更好)，蜂蜜5毫升。

制作步骤：

将蜂蜜倒在香蕉上，用汤匙捣成泥状。

使用方法：清洁肌肤之后，将面膜敷于脸上10~15分钟，再用温水冲净即可。

美丽解密：这款面膜有很好的保湿滋润效果。香蕉是一种很好的面膜材料，直接将香蕉捣成泥敷在脸上，可以温和清洁与滋养修护肌肤。加入蜂蜜后，其保湿滋润的效果更胜一筹。此款面膜非常适合干燥缺水的肌肤，可以天天使用。

防晒
——预防老化的关键

紫外线，青春肌肤的头号杀手

太阳能电池、太阳能热水器、太阳能……是的，太阳给人类带来了巨大的贡献，不仅节省了能源，还给人类生活带来了很大的方便。但是太阳也给女人带来了烦恼，比如随处可见的紫外线，它是青春肌肤的头号杀手。

紫外线危害知多少

紫外线是电磁波谱中波长从0.01微米~0.40微米辐射的总称。紫外线的波长越短，对人类皮肤危害越大。短波紫外线可穿过真皮，中波则可进入真皮。防晒主要是防中波紫外线（UVB）和长波紫外线（UVA）。夏季阳光中以UVB为主，它容易将皮肤晒黑、灼伤。冬季阳光中则以UVA为主，占到60%~70%，它虽然不会一下子将皮肤晒伤，但却是导致皮肤衰老的因素，会导致皮肤干燥、变薄，产生皱纹及导致色素失调。

紫外线一年四季都有，即使是冬季，即使是阴雨天气，只是夏天的紫外线相对更为强烈一些。一般说来，适量的紫外线对人体健康有益，但接触过量的紫外线易造成肌肤问题，甚至影响血液循环及新陈代谢机能。

许多女性对紫外线的认识还不足，以为不过是晒黑而已，大热天还在烈日下游泳、逛街。事实上紫外线造成的肌肤老化，比晒黑更为可怕。

紫外线能直达肌肤深处的真皮层，破坏维持肌肤美丽的胶原蛋白与弹性蛋白，使其变质，肌肤会因此失去张力和弹力，出现皱纹、松弛、粗糙等现象。不仅如此，紫外线还会扰乱肌肤再生周期，使肌肤干燥，并加速肌肤老化。

此外，紫外线还会促使体内产生大量的活性氧。而活性氧是老化的一大原因，它能使肌肤"生锈"，引发色斑、皱纹、松弛等肌肤问题，使肌肤的整体机能衰退。由紫外线造成的皮肤损害不单会出现在脸上，颈部、手臂、手背等都会因大量紫外线照射而逐渐老化。

防晒基本功课

• 避开紫外线最强的时段

每天紫外线最强的时段是上午10点到下午2点，所以，晴朗的夏日，应尽量减少在这个时段外出。有些地方，冬天紫外线的威力甚至比夏天的中波紫外线破坏性更大，像广州，冬季日晒时间长，长波紫外线会在不知不觉间损害皮肤。所以生活在南方的女士们，即使是冬天，也应避免在这段时间出门。

• 外出时要加强防护

需要外出时，要根据自己的肤质涂好合适的防晒霜或防晒油，然后打把遮阳伞或是戴上宽边遮阳帽、太阳镜。遮阳帽能遮挡50%的阳光，遮阳伞能遮挡90%的阳光。另外，夏日外出最好穿长袖上衣，浅色效果最好，尽量减少皮肤的裸露。游泳前也要擦专用防晒霜。

• 注意调整饮食结构

维生素C和维生素E能有效减少晒后皮肤产生的活性氧，预防肌肤被氧化。所以，日常宜多进食富含微量元素和维生素A、维生素B、维生素C、维生素E的黄绿色新鲜蔬菜，水果，大豆类食品及杂粮等。

防晒事半功倍法则

紫外线是肌肤衰老的元凶，所以防晒是护肤的必备功课。然而，现实是只有很的少人能做好防晒。究其原因，主要是因为防晒产品使用方法不当、产品选择失误和对防晒认知不全。做好以下三步，防晒将变得轻松又简单。

科学使用面部防晒霜

防晒效果好不好，与产品的用量、手法和使用流程都密切相关，绝不是简单涂抹均匀就可以了。要知道，只有使用方法足够科学，防晒产品的功效才能最大化实现。

1.取出足量防晒霜

液态的防晒品要在手心取直径约1.8 cm的量，霜状防晒品则要取直径约0.7 cm的珍珠粒大小。

2.点于面部五处

将取出的防晒霜均匀点在额头、鼻尖、两颊和下巴五处。

3.以正确方向涂抹

与涂抹护肤品一样，沿着肌肤纹理，先在面颊由内向外推开，再沿着鼻翼向上，接着由额头中间推向两边。

4.不要忽略细节

涂抹完面部防晒之后，耳部、发际线、颈部这些容易被忽略的娇弱部位要重点补涂。

5.多层涂抹

你觉得防晒霜无效？那多半是因为涂抹的量不够，要知道瓶身上标示的SPF值可是一元硬币的厚度才能够达到的。待防晒霜略吸收后再涂抹2~3次会让人更安心。

6.均匀涂抹

直接从脸颊开始涂抹防晒霜的做法很不好，不仅容易造成用量不均，还会引发黏腻的不良感受，并直接导致局部晒伤。

7.定时补涂

90%以上的人每天只用一次防晒产品，要知道无论防御效果多好的防晒产品，经过运动、出汗、与衣服摩擦等都容易脱落，所以2~3小时后进行补涂是必要的。

你尚未意识到的防晒危险区

1.紫外线的乱反射

你一直以为只有阳光直射时紫外线才会对肌肤造成伤害？其实不然，都市中随处可见的高楼外壁、柏油马路以及各种空气污染物都会造成紫外线无规律的乱反射，这种乱反射会让没有直面阳光的你遭受比直射更多的照射，而且你一定想不到被照射最多的部位居然是下巴。

2.肌肤曝光频率不断增加

有调查数据显示，在近5年的时间里，人们周末外出次数以每年20%的速度递增，更多的人选择购物、娱乐、运动等生活方式而不是留在家中。而且伴随人们越来越时尚的穿着，肌肤暴露在外的频率也越来越高，这无疑都增加了肌肤被紫外线辐射的危险。

学会选择防晒霜

看防晒指数，试产品质地，观防晒效果绝对是选择防晒霜的基础三部曲。但是在这个过程中，如何快速判断产品的优劣、是否适合自己，以及能否满足都市生活需求，你大概还没有一个清晰的认识。那么不妨考虑以下几个标准。

1.双重紫外线防御技术

防晒产品如果含有紫外线散乱剂和水系UV防御层，则其对紫外线的防御会更彻底，在乱反射的环境中仍然无懈可击。

2.防晒指数达到SPF25/PA++

SPF50的防晒产品对于UVB的阻断率为98％，SPF30的产品能达到96.7％的UVB阻断率。日常防晒不需要SPF50那么高的防晒指数，但最好不要低于SPF25。

3.清爽易吸收

中国女性排斥防晒霜的第一原因就是质地油腻，因此清爽的使用感受非常重要。涂抹几下就能很好地被吸收并几乎见不到油光和泛白的产品是最佳选择。

4.全面多效

快节奏的生活让我们更青睐多效防晒品。如果产品在有效防晒的同时，还能有很好的保湿效果，并且能够细腻肌肤纹理、调整肤色就再好不过了。

让身体防晒更有效

如果你只在度假时才想起要给身体防晒，或者每次都是随意涂抹几下便草草了事，基本谈不上对身体的防晒保护。很多人苦恼于身体肌肤很难变白，多半也是因为平时没有做好身体防晒。所以，如果你不想在夏天晒出两道清晰的吊带印痕，请遵照以下方法悉心涂抹身体防晒霜吧。

1.画线均匀用量

先用容器口直接在手臂或者腿部等需要涂抹防晒霜的区域画线。

2.螺旋向上涂抹

整个手掌贴合于肌肤上，将防晒霜以螺旋的方式向上向内打圈涂抹均匀。

3.重点加强易忽略部位

肩背不易涂抹到的区域及肘部、膝部内侧要仔细检查，适当补涂。

♥ 美 肤 课 堂

SPF和PA都是什么意思？

举例来说，如果没有采取任何防晒措施暴露在阳光下20分钟后皮肤会晒红，那么使用了SPF15的防晒品后，大约在300分钟后皮肤才会被晒红。SPF即防晒指数（Sun Protection Factor），它指的是涂抹防晒剂后皮肤出现晒伤红斑所需能量与未加任何防护的皮肤上出现相同程度晒伤红斑所需能量的比值，用于衡量产品对紫外线中的UVB的阻隔能力。

PA（Protection Grade of UVA）是日本的防晒指标，表示产品阻挡阳光中UVA的能力。PA值用"+"表示，从+到++++，++++表示产品抗UVA能力较好。

测试你的肌肤耐晒度

肌肤状况不同，晒后皮肤的变化也不同。有些人皮肤会泛红，有的人会跳过泛红阶段，直接就变黑；也有人晒后马上产生细纹。基本上，肌肤的耐晒程度可以分为以下三种类型。

第一类：不会晒红，但立刻会晒黑

这种人对于紫外线的抵御力颇高，属于耐晒型，不会晒伤，也不起水泡，但是会有色素沉着现象。由于这种肌肤天生较为强悍，晒后如果没有发炎状况，基本上隔天就可以开始进行美白功课了。

第二类：马上晒红，但不容易晒黑

这种类型的人属于"光老化"高危人群，对紫外线抵抗力弱，晒后肌肤容易变薄、没光泽、生成细纹。建议符合此类情况的你即使在室内也要使用SPF15以上的防晒产品，晒后还要特别注意补充胶原蛋白。

第三类：马上晒红，过2~3天变黑

大部分东方人都属于这种类型，晒红之后过几天变黑。这种情况只要及时镇定，并且在晒后72小时的肌肤黄金修复期内加强保湿，就能有效压制晒后反应，阻止变黑变老的晒伤恶果。

了解你的肌肤晒伤等级

一级晒伤：肤色开始发红，并伴有微微发热。

损伤程度：虽然属于轻微晒伤，但是皮肤已经处于发热和缺水状态了。

二级晒伤：肌肤失去光泽，感觉紧绷干燥，出现发烫发痒的感觉。

损伤程度：皮肤干燥缺水已经到比较严重的情形，如果不及时补充水分并镇静舒缓，将会引发炎症。

三级晒伤：皮肤灼热、疼痛，肉眼可见明显的红肿、脱皮。

损伤程度：去海边游泳度假常见的晒伤症状，肌肤出现发炎症状，需要尽快进行护理。

四级晒伤：皮肤蜕皮严重，甚至出现红斑、水肿、水疱或成片的红疹。

损伤程度：最严重的晒伤症状，需要尽快就医，或按照重度敏感肌肤的护理方式进行晒后急救，否则后患无穷。

晒后急救大纠错

肌肤晒得又红又热，我是不是可以拿冰块直接冰镇呢？

不可以！

如果用冰块直接敷脸，会使皮肤冻伤，加重皮肤的损害。最好是拿毛巾包住冰块，或者直接将沾湿的毛巾放进冰箱冷藏之后，轻按在肌肤上3~5分钟，重复数次，直至肌肤表面不觉得灼热为止。毛巾一定要干净，否则会有感染的风险。

- 贴心补充：如果冰敷后还是不舒服，当天绝对不能用热水洗脸，会让血管扩张充血。同时也建议当天不要使用洗面奶，直接用冷水冲洗令毛孔收缩、冷却，以达到消热退红的作用。

天然的西瓜、黄瓜、芦荟、柠檬，是不是最好的晒后急救品？

不是！

这几类食材的成分的确有不错的镇定功效，平时你要是拿它来敷脸也可以，但是晒后肌肤格外脆弱，自己拿天然材料乱敷反而容易引起发炎。特别是柠檬皮含感光成分，芦荟表皮也具有一定的毒性，建议还是敷经由厂商制成的成品芦荟胶、黄瓜面膜来得更稳妥。

如果我的脸已经开始脱皮，是不是可以自己用手撕干净帮它更快地代谢呢？

不可以！

如果已经出现脱皮现象，千万不要用手去撕，因为还没发育完全的新皮肤太早暴露在阳光下会很容易形成色素沉着。你可以用化妆棉沾水轻擦，擦去自然脱落的皮屑，不要硬生生去剥除尚未脱离的皮层，这样才不会留疤。如果皮肤表面浮现水泡，更不能自己处理甚至抠破，而是要去找皮肤科医生处理才行。

我好怕晒黑，是不是应该赶紧开始美白呢？

不是！

除非你是强悍的第一类皮肤，晒后没有发炎症状，隔天就可以开始美白。不然一旦肌肤有炎症，此时若是涂上不适合的保养品，会让已经受伤的肌肤变得更刺痛，而且可能会让类似灼伤的发炎反应发展成为接触性皮炎。晒伤的头几天最好选用晒后专用产品，同时也不建议使用片式面膜，万一时间控制不当，闷住皮肤会有反作用。等过一周肌肤恢复健康、完全退红之后，才可以开始使用美白产品。

抓住晒后修复黄金期

- 肌肤状况：出现发热、发红、发痒、脱皮等不同程度的晒伤症状。
- 晒后修复关键词：舒缓镇定+迅速补水
- 第1步：保湿舒缓降温

尽快脱离日晒环境，使用具有镇静舒缓效果的保湿化妆水或面部喷雾为肌肤补充水分。使用保湿喷雾前将它放入冰箱冷藏几分钟更能迅速镇静滋润肌肤，尤其适合暴晒后的皮肤。

- 第2步：温和清洁面部肌肤

在皮肤降温以后进行温和的清洁。清洁肌肤时要尽量轻柔温和，避免使用强力洁面产品及卸妆品。如果没有化妆，使用清水清洁即可。

- 第3步：加强补水，镇静皮肤

如果仍觉得肌肤发烫不舒服，可以使用含有天然芦荟、洋甘菊、欧薄荷等植物或矿物精华的保湿面膜或啫喱霜，厚厚地涂在肌肤表面，以镇静肌肤，缓解红肿发炎症状并补充日晒后肌肤流失的水分，尽快恢复肌肤正常机能。

♥ 美肤课堂

当肌肤被重度晒伤

不要立即进行冰敷或用冷水清洗，否则一冷一热会令刺激加重。待脸上红热渐渐退去后，你需要不停地使用保湿喷雾为肌肤补水降温。如果在24小时内肌肤一直感觉疼痛，不要自行使用药物或化妆品，请尽快求助皮肤科医生。

- 肌肤状况：红热感已经消失，但肌肤干燥缺水，看起来暗沉无光，没有生气。
- 晒后修复关键词：集中保湿+修复受损
- 第1步：集中保湿，密集补水

选择含有透明质酸、海藻精华、海洋深层水、温矿物精华成分的面霜或涂抹式保湿面膜，每天睡前使用，连用三天，能够迅速缓解肌肤因日晒而导致的水分流失问题。你也可以选择温和的免洗型睡眠保湿修护面膜，利用睡眠时间全面提升肌肤含水量与修护力。

- 第2步：夜晚温和美白修复

肌肤接受暴晒后的24~48小时内，黑色素的活动即使在夜间都不会停止，所以在日晒后的第二天，当肌肤不再有敏感红热症状时，可以开始进行温和的美白修护。可以使用含有"光解酶"成分并能作用于黑色素整个生成过程的温和型美白产品，帮助阻断黑色素形成，修复日光损伤，均匀晒后肤色，进而预防色斑形成。

- 第3步：做好日间防晒抗氧化

此时肌肤仍处于不稳定的受损状态，一定要在日间做好完备的保护。建议使用具有防晒与抗氧化功效，同时质地轻薄无负担的日间防护产品，防晒值以SPF15~SPF30为好。同时配合使用遮阳伞等物理防晒方式，尽量减少日晒，避免色素沉积或加重肌肤损伤。

♥ 美 肤 课 堂

晒后不能立刻使用美白面膜

专业皮肤医师表示，晒后肌肤会呈现轻微发炎症状，此时若立刻使用美白面膜，非但不能达到立即美白的效果，皮肤脆弱者还可能引发过敏、发红等反应。第一步应先做好镇定、舒缓肌肤的工作，比如使用芦荟精华、温泉水或保湿面膜，先稳定皮肤状况，隔两三天后再开始使用美白产品。

日晒后7~28天——重建期

- **肌肤状况**：已经没有特别的不适感，但是肤色却不再明亮均匀，肤质也变得有些粗糙。

- **晒后修复关键词**：淡化色素+预防老化

- **第1步：温和去除面部角质**

  日晒后的肌肤较干燥，会影响正常的新陈代谢。建议在肌肤没有了晒后红肿不适反应后，进行1~2次温和的面部去角质，并配合面部淋巴按摩，通畅面部微循环，加强肌肤的代谢，改善粗糙、暗沉的情形。

- **第2步：周期性美白集中对抗黑色素**

  此时你可以开始使用具有密集美白功效的周期性美白精华素和面膜套装了，只需每天睡前将含有高效浓缩美白成分的精华素涂抹在需要美白的部位或全脸，再配合美白修护面膜，就能帮助淡化色素并刺激肌肤细胞新生，让肌肤重新变得白皙有光泽。

- **第3步：充足睡眠让肌肤恢复元气**

  日晒会令肌肤中的胶原蛋白大量流失，非常容易出现弹性下降、松弛及早衰现象。而夜晚是肌肤自我修复的最佳时段，一定要在睡前做好完整的抗老修护保养，并在11点前入睡，如此能让因日晒而受损的肌肤尽快得到修护。

♥ 美 肤 课 堂

在这段时间内，不妨多食用富含维生素C的水果来帮助肌肤美白抗氧化，维生素B_6则具有褪除黑色素、斑痕的作用；而食物中的维素A和维生素E则能改善晒后皮肤干燥并预防老化。

晒后修复面膜建议选择具有清凉舒缓及保湿功效的水洗式面膜，以清凉的啫喱状、胶状和乳状面膜为佳。一片式面膜在敷用过程中的密封特质会对晒后受损肌肤产生压力，同时，一片式面膜通常会添加一定剂量的防腐剂，这对于处于敏感状态下的晒后肌肤，有可能雪上加霜，加重过敏。

美白
——不只是个传说

美白的终极标准

俗话说："一白遮百丑。"无数东方女性在美白的道路上前赴后继。西方以"健康肤色"为美的风潮盛行如此多年，却丝毫未如凸凹身材和立体五官等其他西式审美一样渗透到东方。不仅仅在中国，对包括日韩在内的东亚女性来说，美白是美容的"绝对真理"。

那么，美白的终极目标是什么？追求肤色浅一号？不，它和肤色恰恰没有多大关联。美白应该是一种人人适用的全局护肤观念：同时拥有花瓣般的剔透亮泽、纯净无瑕以及白里透红无惧肌龄的粉润。它不只关乎白，还关乎肌肤是否拥有跑赢时间的能力。

美白首先是一种颜色

黑与白的对比是最基本的美白领域。对于皮肤中黑色素含量不少的人来说，美白是一场全方位的颜色作战。作为黄种人，我们追求的美白有极限，也绝非为了磨灭种族特征，而是为了更好地凸显我们的东方美。首先，我们并不突出的五官如果肤色暗沉，会更加泯然众人；其次，适合东方人身材气质的柔美知性风格的时尚单品，比如有精致细节的服装，淡雅的驼色和豆沙粉等颜色，都要白皙的肌肤来搭配，才更加和谐。

真正的终极美白，对瑕疵的容纳程度也应降到最低

对于天生难以扭转的瑕疵，固然要以自信宽容的态度面对，但对后天的瑕疵如晒斑和痘痕以及可以淡化和扭转的斑点，最佳的态度是零容忍。追求完美和接受不完美并不矛盾，我们并不提倡偏执地对住一点瑕疵不放，而是要以更积极的态度去做最好的自己。

美白是一种立体的视觉效果

很多部位肌肤的暗沉，比如眼角、嘴角和鼻翼两侧，往往和真实的肌肤颜色无关，而是来自松弛和皱纹。最高标准的美白，也包括了对皮肤紧致程度的要求。最简单的证明就是将一张白纸揉皱，即使没有任何多余的色素侵染，本来光亮白净的纸上也会多出许多灰度不同的明明暗暗。抗老，也是杜绝无色素不均匀肤色的过程。

美白是一种光感

文学作品中总把不健康没光彩的白肤色叫做"涅白"，形容好比石膏一样无光泽的肤色。想有日光灯的白亮效果，不想白得像个病人，一定要美白和护理角质层同时进行，只有平衡、健康和滋润的角质才足够有光彩。

美白是一种健康状态

要有充足的营养和健康的微循环，皮肤才能"白里透红"；要保证皮肤不被紫外线损害，才能避免日晒黑斑；要内分泌稳定、抗氧化充分，才能去除黄气；要精神饱满状态年轻，肤色才不会暗沉。这些虽然看似是复杂的要求，但换一个角度来说，只要保持健康，加以平衡全面的保养，美白效果就会自然而然地呈现。而且这样说来，按照我们本能深处以健康为美的原则，投射到视觉审美之上，会以白为美也非常自然。

找到你的美白短板

总有一些有美白需求的朋友，由于无功而返的次数太多，又未完全放弃美白愿望，于是美白就成了一句口号和一种习惯——不管用什么护肤品，哪怕是化妆品，都要有美白功能的，管用不管用是其次，追求的只是"一直在美白"的效果。虽然说美白这样的大工程绝非是一蹴而就的，但当盘点投入与效果的时候，如果发现需要解决的美白问题依旧，也真的让人淡定不了。先别急着抱怨"美白只是个传说"，不妨先看看你的问题到底出在哪里？

脸上不同区域的肤色不够均匀，虽然和全脸暗沉无光一样令人烦恼，但对症下药的策略必然不同；明明和闺蜜用同一色号的粉底，结果看起来一个白皙，一个发黄，一定有其原因。到底什么才是你在美白路上的最弱环节？以下的小测试将帮你找到答案。

以下表格第一列里的问题，如果回答"是"，则在之后对应的A、B、C三栏里加上相应的分数；如果回答"否"，则不加分，最后将三栏中所得的分数分别相加。

	A	B	C
离不开强力遮瑕膏或对底妆的遮瑕性质要求很高	+1		
有大量的户外活动和晒太阳时间			+1
皮肤角质层较厚		+1	+1
轻熟肌肤，眼周和嘴周有皮肤松弛现象	+1		+1
作息不规律，经常熬夜	+2	+1	
长时间带妆		+1	
拍照的时候远景还行，就怕特写	+1		
拍照的时候单人不错，最怕比较		+2	+1
对底妆的光泽度要求很高			+2
没有用防晒的习惯或者用起来有偷懒的习惯		+1	
气血不足，缺乏运动	+1		+2
总分			

测试结果

A项得分最高，美白短板为"肤色不均"

肤色不均是最常见的美白痼疾之一，因为面部各区油脂分泌不均匀，加之面部结构以及衰老导致的松弛等影响，如果将黑眼圈也算在内，有极大比例的人面临肤色不均的困扰。这一类美白问题需要美白之外的手段的配合，但如果功课做到，完全有望将不均匀的肤色调节到色差在视觉上不影响美观的程度。

B项得分最高，美白短板为"黄气重"

即使在肤色的明暗上有所改进，但如果色调偏黄，还是无法达到"一白遮百丑"的效果。尤其对于城市里的职业女性来说，生活在巨大的温室里，缺乏平衡的营养、锻炼和规律的作息，即使黑色素细胞快被赶尽杀绝，脸色似乎也总是带一点不健康感的黄调。不过也不用担心，在合理的外部美白加内部调理之后，虽然黄种人的特征改变不了，但健康的肤色还是能够获得的。

C项得分最高，美白短板为"黯淡无光"

透白是美白的最高境界，谁都想要发光体一般的完美肌肤，但现实往往事与愿违。就算皮肤表面洁白无瑕，如果没有光泽，也只有"白"而不够"美"。皮肤的光泽是角质健康和内在平衡的体现，因而，有光泽感的美白需要针对更多方面付出努力，但如果不是非常敏感的肌肤，人人都有机会成为"日光灯"型美白达人。

肤色不均型肌肤美白方案

"因材施教"——分区美白

和通常比较白嫩的U区相比，眼睛周围、T区和法令纹附近是肤色容易暗一个色号的区域，其原因通常是油脂分泌和皮肤褶皱。当然，均匀的肤色总是一样的，而不均匀的肤色各有各的分布。总的来说，针对这种状况，要坚决地执行"分区美白"——道理显而易见，如果不同肤色的区域始终采用同样的美白强度，那么它们之间的色差很难会有所改善。在肤色较暗的区域多使用一支重点美白的精华，会有助于改善单纯因色素沉积导致的肤色深的问题。

"曲线救国"——调节油脂分泌

相当大一部分肤色不均形成的本质原因是：油脂分泌分布不均匀，这样的皮肤自然需要调理。油脂分泌旺盛的区域会因为毛孔粗大而显得杂质偏多，油脂对彩妆和护

肤品的稀释作用会让肤色看起来更暗，补水控油虽然看起来跟美白并无太大关系，但实践起来真的有效。想用调控油脂的方法达到美白效果，我们需要注意两点：

- 解决已经形成的毛孔粗大和黑头问题。先别忙着美白，也许一支毛孔精华和定期做清洁面膜就能让你看起来白半个色号。

- 日夜控油。异常旺盛的油脂分泌会带来不断复发的黑头和粉刺，也会在视觉上让皮肤看起来不够白净。如果使用防晒或底妆产品，也会脱落得更快，为肤色不均雪上加霜。

抗衰老帮助均匀肤色

另一个容易导致肤色不均的原因是衰老。以眼周和法令纹周围为例，有时视觉上的深色，并非源自黑色素，而是松弛的褶皱以及下垂的轮廓引起的。想解决这种肤色问题，则需要付出更多努力。

现在就开始使用抗衰产品，尤其在患处，有针对性地使用紧致抗氧化精华，能够一举两得，提亮增白的同时预防皱纹出现。

一些激光的紧肤疗程会让肤色看起来均匀，也是因为缓解了松弛带来的暗沉。

通过按摩来提拉面部轮廓对解决鼻唇周围的肤色问题尤其有效，配合使用抗衰护肤品，效果还有加成。

肤色不均型肌肤的化妆"作弊"法

一般来说，粉底的遮盖能力足够应对程度不深的肤色不均，所以挑选一款跟颜色明亮部分肤色一致的、遮瑕能力稍好的底妆足矣，面积太大的遮瑕反而会令脸上的色差分野更加明显。不均匀肤色底妆的挑战在于肤质，如果难以找到一支可以同时调节颜色和水油平衡的底妆产品，就要考虑多做一点功课。在容易出油和沉暗的T区使用吸收油分效果很好的矿物质定妆粉，可以在控油调色的同时不为毛孔增加负担。底妆前的控油饰底乳，如果有防晒效果，则可以起到均匀肤色、改善暗沉和抵御紫外线三重功效。

黄气重型肌肤美白方案

拒绝漏网紫外线

　　黄气重的现象多发生在长期活动在室内的"温室女性"身上，但这种不太美好的肤色又并非来自缺乏日晒，更多的是"温水煮青蛙"式的紫外线伤害。的确，如今的爱美女性已经很少再犯急性晒伤这样的错误，容易出现疏漏的反而是日常环节。坐在空调房里，从窗子和通勤路上接收到的紫外线是一方面，每天面对电脑也会受辐射影响。所以想要避免黄气，防晒应该是四季全天候必备，其形式倒未必仅仅拘泥于防晒霜，隔离、粉底和日霜都是适合都市白领的选择。

改善微循环是关键

　　有黄气的反义词是什么？不是一白到底，而是白里透红。导致皮肤颜色暗黄的原因，除了外因紫外线，还有内因——微循环。如果皮肤表面的淋巴循环和血液循环不畅，营养物质就无法被有效地带到面部，而代谢废物则相应的容易堆积，自然难以有白里透红的好气色。在这种情况下，就不应只盯住"美白"，而是要学会运用美容手段改善微循环。

　　• 许多外用的美容品，都有从外入手改善微循环的效果，尤其是含有锰成分和玫瑰成分的护肤品，是面色无华的黄脸一族的恩物。

　　• 没有什么比需要流汗、能加快心跳速度的有氧运动更能带来好气色了。平均每天做半小时的运动，哪怕是上下班路上的快速走动，也有立竿见影的改善气色的效果。

　　• 中世纪的淑女们都懂得临时用手掐脸颊使面色看起来更红润美艳的技巧，现在的你也可以用自己的手指和按摩让面部的微循环动起来。只需日常护肤时多花一分钟轻轻拍打面部，产品里有效成分的吸收也会变得更佳。

去黄气的简单食疗

从中医的角度讲，想要去除黄气，补充气血是关键，尤其对于女性来说，多吃红枣、山楂和红豆等补血食物，对健康状况和气色都会有所改善。因此，通过食补改善循环也是一种美白手段，有活血化瘀功能的食物，如生姜、紫苏、黄酒和葡萄酒等，都有相当不错的去黄气效果。

黄气重型肌肤的化妆"作弊"法

利用补色原理来给黄气"调色"是用化妆解决这类美白问题的关键。紫色的饰底乳一般来说是黄种人的恩物，想要更红润效果的，可以尝试粉红色。在挑选粉底色号的时候也需注意，如果针对同样皮肤白皙度的色号，有红底和黄底两种选择，一定要选择前者，后者通常是为面色易泛红的肤质和白种人准备的。在彩妆选择上尽量避免蓝绿色系，温暖的大地色和中性的黑灰色是安全的选择，唇膏和腮红也同样宜选珊瑚色等暖色，玫瑰红等冷色调在视觉上会突出皮肤中的黄调，要谨慎选择。

黯淡无光型肌肤美白方案

调理角质健康

别小看了厚度为0.2毫米的角质层，这层皮肤表面的终极防护层往往是皮肤光彩的决定性因素。白得发光是美白的最高境界，而角质层，就是这个发光体的"灯罩"。

过薄的角质层会导致敏感，不仅美白的时候下手需谨慎，红血丝也是极大的困扰，皮肤看起来总是不够健康。过厚的角质层会令皮肤没有光泽，甚至看起来发黄发黑。对于追求日光灯效果的人来说，要及时清除"灯罩"上的灰尘的同时，还要小心翼翼地保护它不被打碎，所以要谨慎选择美白品的成分及美白手段。

对于果酸和酵素等通过调理角质达到亮白效果的产品，需注意其使用周期，在感到肌肤暗淡无光时，去角质护理无疑是最快的令肌肤焕发光彩的方法，但不应迷恋这种瞬间抛光的效果，以保持肌肤状态的可持续性。在开始试用新美白成分前，不妨先用身上或耳后的皮肤做一次皮试。如果有做光疗美白的计划，那么提前开始养护角质层则是必修课。

生活方式，你的内在光芒

如果说角质层是灯罩，那么身体内在的健康状态就是真正释放光芒的灯丝，而健康的生活方式是保持这种光芒能够持久燃烧的能量。不管工作有多忙，生活中有多少事情需要劳心照顾，想要达到终极亮白境界，请尽量做到以下几点：

- 吃健康的食物，例如抗氧化的菌类和坚果，补充富含维生素C的天然美白水果蔬菜；尽量少吃油炸烧烤和腌制食品。如果不能保证，可以吃营养品来补充。
- 尽量保证睡眠，如果不能睡够，尽量早睡，养成清晨而不是凌晨做事的习惯。如果不能早睡，要尽可能找机会补眠。
- 保持运动的习惯，哪怕是做家务、看电视的时候活动一下筋骨或是步行。
- 不要吸烟，尽量少喝酒。
- 保持乐观、平静和积极的心态。

微观紧致去宏观黯哑

和有些伪美白问题一样，黯哑有时也不完全是黑色素导致的，而是因为皮肤不够饱满。举个最简单的例子，充满气的气球总是看起来比半泄气的气球光亮新鲜，松弛是轻熟以及熟龄肌肤黯哑的罪魁祸首之一。对于这种情况，许多品牌都推出了同时有抗老和美白效果的产品，建议熟龄女及时入货，至少也要将紧致产品和美白产品搭配使用，才能解决这类问题。同理，在考虑光疗美容的时候，可以咨询医生的意见，判断自己的皮肤黯哑问题到底是来自松弛还是黑色素，还是两者都有，以制定双管齐下的治疗计划。

暗淡无光型肌肤的化妆 "作弊" 法

虽然皮肤天然光彩不易获得，但 "伪装" 起来却相当简单，化妆品中添加的各种闪光微粒是解决这种问题的恩物。不管在潮流笔记中，哑光妆容多么优雅华丽，还是有淡淡珠光效果的底妆最适合暗淡皮肤，如果能配合颧骨和鼻梁的高光，即可轻松打造 "发光体" 亮白妆容。在具体的 "闪光" 选择上，越细腻的颗粒，效果越自然。最显皮肤白皙的高光颜色是淡淡的黄色，如果质地足够细腻，其效果可以媲美皮肤自己的光泽，犀利的霜白色反而容易显得皮肤黑黄，突出瑕疵。

美白"夜"关键

夜晚是美白的黄金期

想要白得美、白得快、白得彻底吗？那你绝不能错过夜晚的美白黄金期，因为夜晚才是护理的关键时刻。它不仅是吸收黄金期，更是修复黄金期，什么借口都不能让你错过它。

1.吸收黄金期

晚上洗完澡后，无论是身体还是肌肤都处于放松、休息的状态。尽管是休眠时间，肌肤仍会持续进行新陈代谢，再加上充足的睡眠更能帮助真皮层的成纤维细胞增生，同时能加速黑色素的代谢。而且夜晚肌肤无须再拱起屏障抵御外在有害物质侵害，所以这时候的吸收力相对更佳，这也是为什么去角质、焕肤保养、深层清洁都较适合于晚上执行。通过这段时间帮助肌肤注入养分，隔天醒来即能收获光润的好肤质。夜晚肌体处于更新修护状态；所以在夜间美白成分能更好地发挥作用。

2.修复黄金期

夜晚10点至凌晨2点的这段时间，是肌肤血流顺畅、新陈代谢增加，同时也是细胞加速修复与新生的黄金时期。夜间，肌肤细胞放松，当我们进入睡眠状态，肌底干细胞新生力更是日间的3倍之多。此时干细胞的新生力达到高峰，再生、修护、重建作用加速，从而将白天因环境、压力等所产生的肌肤有害因子代谢排除。肝脏排毒也是在夜间进行的，而面色的很多问题都由肝脏的健康决定。夜间，肌肤不再受到紫外线刺激，不会再刺激黑色素母细胞；黑色素母细胞变得不再活跃，可以更好地还原，已经形成的黑色素可以更好地被瓦解，修复日间的肌肤损伤。

日美白和夜美白的区别

日美白为防护为主，夜间美白以修护为主。日间紫外线强烈，因此防护紫外线、对抗自由基是首要任务。白天无论在室内还是室外，无所不在的紫外线光都是让肌肤不再白皙透亮的凶手，所以白天肌肤需重防御，抵挡外在物质侵袭。夜晚美白更多的是瓦解已形成的黑色素，同时抑制黑色素母细胞的活动，将已经形成的黑色素代谢掉。

因为晚上的光害较少，而且肌肤处于较放松的状态、吸收力佳，所以可以利用夜晚进行修护，如加速黑色素代谢、帮助角质更新以及胶原蛋白增生等，以利肌肤恢复健康状态。

美白产品不是越多越好

夜晚使用美白产品时，不要贪多，并不是用量越多效果就越好，按照一般保养品使用顺序涂抹即可。需要提醒一点：美白保养品建议购买全套使用，不可以"联合国"。因为每个品牌的美白产品侧重点不同，有的针对已形成的黑色素进行全面瓦解，有的专门抑制黑色素母细胞活性，有的针对阻断刺激黑色素产生的信令。同时，不同品牌产品的美白成分也大相径庭，有的以果酸类为主，有的是用维生素C，有的是用熊果苷，等等。

夜美白处方笺

处方1： 精华"加压"法

把美白精华液（花生米大小）均匀涂抹于全脸，再用压缩面膜加化妆水或矿泉水来"加压"，可使美白成分渗透得更快捷、更深层。

处方2： 最后一步按摩法

夜晚美白护理完成后，可将美白晚霜使用量加大一点，之后搓热双手稍加按摩，既有助于肌底层的血液循环，也能让保养成分吸收得更快速。

自制美白面膜

大家都知道肌肤要美白，自然少不了面膜。选择天然的护肤材料，不受环境与经济条件的限制，既便宜又好用的美白面膜有很多，它们一样可以让你白得自然！

豆腐酵母美白面膜

材料：豆腐1小块，酵母粉2茶匙。

制作步骤：

将豆腐碾碎，加入酵母粉调匀。干性肌肤可再加上适量橄榄油搅拌均匀，即可使用。

使用方法：洁面后，将面膜均匀涂抹在脸上，15~20分钟后再用温水将脸洗净。

美丽解密：豆腐含有丰富的大豆异黄酮，具有抗氧化的作用，能让暗沉衰老的肌肤焕发生机。豆腐中还含有天然的植物乳化剂——卵磷脂，能强化肌肤的保湿效果，加上酵母粉调和成面膜，则能强化肌肤的防御功能，让肌肤干净、白皙、透亮。本款面膜如果一次没用完，可放在玻璃器皿中，密封冷藏，在一周内用完即可；每周可使用2~3次，适合于任何肤质。

西瓜皮美白面膜

材料：西瓜皮2块，干净纱布或脱脂棉1块。

制作步骤：

用汤匙将西瓜皮汁液刮下，倒入小碗中。

使用方法：以干净纱布或脱脂棉蘸取西瓜汁液涂抹在脸上，约20分钟后洗干净即可。

美丽解密：西瓜皮的汁液具有清火排毒的功效，并且能美白、修护皮肤。经常使用西瓜皮汁液敷脸，能够美白润肤，增加皮肤弹性与光泽。每周做2次西瓜皮面膜，可使皮肤逐渐变得细嫩白净。此面膜适合任何肤质。

猕猴桃黄瓜美白面膜

材料：猕猴桃1个，黄瓜半根。

制作步骤：

1.将猕猴桃去皮，捣烂成泥。

2.将小黄瓜去皮榨汁，与猕猴桃混合均匀。

使用方法：彻底洁面后，先用热毛巾敷脸，再取适量本面膜直接敷在脸上。约20分钟后，用温水洗净脸部即可。

美丽解密：猕猴桃中的维生素C能有效防止皮肤被氧化，干扰黑色素的形成，预防色素沉淀，保持皮肤白皙。鲜黄瓜所含的黄瓜酶，能有效促进新陈代谢，扩张皮肤毛细血管，促进血液循环，使皮肤变得有弹性。这款面膜适合任何肤质，一周使用3次左右。

珍珠粉美白面膜

珍珠粉历来就是美白的象征，配合蛋清、牛奶、黄瓜汁等做成面膜，都有很好的美白效果。不过针对不同的肌肤，要用不同的美白招数，以最简单的珍珠粉面膜为例，具体区别如下：

油性皮肤

用两茶匙优质珍珠粉与牛奶、蜂蜜或蛋黄调和，敷在脸上15~20分钟，用盐水洗去。

干性皮肤

用两茶匙优质的珍珠粉与精华素或维生素E油调和，敷在脸上15~20分钟，洗净即可。

中性皮肤

用两茶匙优质珍珠粉与水调和，敷在脸上20~30分钟，洗净即可。

美丽解密：一般说来，珍珠粉面膜一星期做两次即可，不可过于频繁。长期坚持用，皮肤就会变得如预想中一样，嫩白、光滑、有弹性。

抗衰老
——越早开始越好

测一测你的肌肤年龄

　　肌肤年龄也被称为"外观年龄"，即通过皮肤情况、精神状态所反映出来的年龄。它可能小于实际年龄，像不少影视明星三四十岁了依然保持着20多岁的娇颜；但也可能出现肌肤年龄大于实际年龄的情况，也就是常说的"未老先衰"。

　　如何知道你的肌肤年龄是多少呢？通过以下测试，就可以清清楚楚地揭示出你"看上去"的年龄。请根据实际情况，选择相应的选项。

1. 观察面部肌肤的光泽度（　）

A.有光泽　B.较光泽　C.无光泽

2. 观察面部肌肤的紧致度（　）

A.紧致　B.触感松软，缺乏弹性　C.明显松弛

3. 观察面部肌肤的纹理（　）

A.只有眼部有细纹　B.眼部和眉间都有细纹

C.眼部、眉间和嘴角有皱纹，鼻翼至嘴角的法令纹明显

4. 观察面部肌肤的滋润度（　）

A.正常护理下，肌肤较为滋润　B.偏干，到了下午尤其明显

C.明显缺水，吸收乳液速度度变快

5. 观察面部肌肤的纯净度（　）

A.干净无色斑　B.生理期或休息不好时会出现色斑

C.色斑明显，有增多或扩散现象

6. 观察面部肌肤的毛孔状况（　）

A.鼻尖鼻翼的毛孔较大　B.颧骨下方和鼻部的毛孔粗大

C.面部毛孔粗大，尤其是鼻部和脸颊

7. 观察眼睛部位的光泽度（　）

A.光泽比较好　B.稍有暗沉，休息不好时尤为明显　C.看起来没光泽

8. 观察眼睛部位的纹理（　）

A.笑起来时，只有眼睑部位有细纹　B.眼睑有细纹，眼角的细纹不明显

C.眼睑有皱纹，鱼尾纹明显

9. 是否有眼袋、眼角下垂的现象（　）

A.没有，眼睛很累的时候眼角才出现下垂现象

B.偶尔会出现，眼角稍有下垂　C.有眼袋，眼角下垂

10. 是否有黑眼圈（　）

A.没有　B.偶尔会出现，休息好的时候没有　C.经常有，而且很难恢复

请计算你所选的选项中数量最多的字母，然后查找相应字母对应的结果。

　　如：（A）的数量最多，则你的测试结果是（A）。

　　（A）肌肤年龄＜30岁

　　（B）30岁≤肌肤年龄 ≤ 40岁

　　（C）肌肤年龄＞40岁

　　如果得出的肌肤年龄高出实际年龄，那证明你的肌肤护理工作还存在严重失误，得抓紧弥补了！

女人20、30、40，护肤大不同

前面说过，人的肌肤年龄与实际年龄会有一定差异，即使同龄的女人，皮肤呈现出来的年龄有时也会天差地别。有的女人40岁了看起来还像不到30岁；也有的女人才30出头，却已是满脸皱纹。因此，护肤最重要的一条法则是，根据不同的肌肤年龄，制定不同的护理方案。

20岁，清洁是关键

对于20岁左右的姑娘来说，此时的肌肤呈现出来的是最好的状态。看不到细纹，毛孔也较为细致，肌肤摸起来弹性十足，即使偶尔会冒点青春痘出来，也瑕不掩瑜。这时候，护肤的重点应该是注意清洁和防晒。因为20岁左右的皮肤油脂分泌较为旺盛，如果不注意清洁，容易引起痘痘、粉刺等。当然，此时并不需要使用多么昂贵的护肤品，只要坚持正确、有效地清洁面部，即能防微杜渐。

30岁，保湿防晒很重要

25岁是肌肤的一个转折点，如果护理得当，30岁后的你依然能保持不错的容颜。当然，反面情况就是肌肤开始走下坡路，出现斑点、细纹等问题。护理时，使用保湿的护肤品很重要。因为皮肤中的水分慢慢减少，捏一捏，会发现皮肤已经没有年轻时的弹性与水润了，皮肤的毛孔也逐渐明显。这时，日霜和晚霜中都应加入保湿的成分，还要坚持敷保湿面膜。此外，防晒也是必须要重视的功课。

40岁，紧致抗皱要加强

女人年到四十，工作、家庭都到了鼎盛时期，护肤也不例外。这时的脸上，大大小小的皱纹会凸显出来，自己能明显感觉到两颊的肌肤正慢慢松弛，因此皮肤的护理工作要加强紧致和抗皱。在日常的护肤品中，精华素是必须添加的东西，只有高浓度的精华才能修护受损的皮肤。此外，早晚还要注意对皮肤适度地进行按摩，一来便于护肤品吸收，二来可以紧致肌肤，预防皱纹加剧。

抗衰老，25岁就要开始的功课

女人什么年龄应开始使用抗衰老的产品？20岁？30岁？还是40岁？比较恰当的做法是当你发现脸上有了第一条细纹时，你的抗衰老工程就应该启动了。

女人一般在25岁的时候，会冒出人生中的第一条皱纹，也有些女人的皮肤由于某些原因，比如长期经受风吹日晒，出现皱纹的时间还会有所提前。

❤ 美 肤 课 堂

为什么说25岁开始要预防肌肤衰老？

一般来说，25岁前的肌肤有很好的自我修复功能，对于肌肤出现的暗沉、斑点、干燥等情况，能自行慢慢修复。一旦过了25岁，肌肤细胞的修复功能会减弱，导致肌肤无奈地慢慢走向衰老。

肌肤衰老的特征

25岁时，你会发现脸上有了第一道小细纹，它们形成的原因大多是紫外线照射、缺水以及不规律的生活；30岁的时候，皱纹开始形成并且定型，那是因为皮肤细胞新陈代谢逐渐减慢所致；40岁的时候皱纹完全定型并且越来越多，原因在于细胞底层的胶原蛋白正在逐步被破坏。

除了皱纹出现，脸部衰老的表现还包括肌肤的种种瑕疵，如肤色暗沉、斑点出现、毛孔粗大、肤质粗糙、失去光泽、缺乏弹性等。总的说来，25岁到29岁这个阶段是控制肌肤衰老的关键期，特别需要注意眼睛四周、下巴及嘴角周围，因为这些部位属于敏感地带，最容易产生细纹。

脸部防皱：护理+按摩

对于过了25岁的女性来说，抗皱是日常护理中必须加入的元素。不少护肤品都标有"活肤"、"新生"、"紧致"等字样，其实说白了，都是抗皱的，应根据自己的肤质来选择。

举例来说，针对眼部出现的干纹及眼周的松弛肌肤，你可以选择一款清爽的眼胶，及时滋润眼部，防止眼角下垂。再比如当你发现鼻翼两侧的法令纹快变成一条直线了，显得整个脸部肌肤都在下垂，人看上去很苍老，为了缓解这种状况，最好选择一款有紧致效果的面霜。

不过，为了使肌肤护理达到最佳效果，使用这类抗衰老护肤品时，最好加上适度的按摩。不同部位，按摩手法各有侧重。

- 眼周：沿着眼窝边缘以手指轻压，由内到外轻轻按摩。
- 额头：从眉头开始往上按摩，然后再从眉头外一指处往上按压。
- 鼻翼：手抓住鼻子，利用手指的力量将鼻翼的肌肉往两旁推，然后再往内压。
- 唇周：从唇部中心沿唇线，即从下往上，从里往外按压。
- 两颊：将手掌贴在脸庞上，轻轻用力往耳际拉，可以放松肌肉。

面部普拉提抚平皱纹

如今，风靡全球的普拉提已成为不少白领钟爱的健身方式。而接下来要说的面部普拉提，是专门针对面部肌肤的按摩运动，也是消除脸部皱纹、紧致肌肤的得力助手。

所谓面部普拉提，和全身的普拉提有本质的区别，它主要是通过按摩局部皮肤，促进皮肤血液循环，促进新陈代谢，提高皮肤的供氧率，从而使皮肤恢复原有的弹性，使面色红润，进而达到消除皱纹的目的。

按摩步骤

第一步：全身放松，搓热手掌。

第二步：用手掌轻轻捂住眼睛和额头各5秒钟。

第三步：用手掌轻轻捂住双颊5秒钟，以放松脸部肌肉。

第四步：用中指指腹依次从眼角经眉毛上方和下眼睑提拉按摩至太阳穴，并轻按太阳穴，重复3次。

第五步：用中指指尖分别从下巴中间和嘴角，经2组弧线提拉至太阳穴，并轻按太阳穴，两组弧线各按5次。

第六步：用中指轻按下巴和眉心各5次，以维持脸形轮廓，放松并强化肌肉。

第七步：双手中指轻按鼻翼两侧5次，防止凹陷部位变得更深。再从鼻翼两侧提拉至下眼睑，做5次。

第八步：以双手指腹轮流提拉颈部肌肤至下颚处，重复5次。

第九步：从下颚、鼻翼、额头出发，以四指指尖轮流轻敲面部并慢移至太阳穴，各做8次。

第十步：放松手指握拳，从下颚、鼻翼（上移至下眼睑）、眉心出发，轻敲面部加强血液循环，并慢移至太阳穴，各做8次。

第十一步：伸展颈部侧边肌肉，左右各做2次。

第十二步：依次抬头挺胸、低头含胸，伸展颈部前后肌肉各2次。

第十三步：重复第一步至第三步，放松，结束。

将皱纹"扼杀"在细节中

皱纹，历来是美容的大敌。人们为了保住青春的容颜，绞尽脑汁，想尽了方法，不少人甚至选择了风险大的整容去皱手术，将青春的希望寄于一把冰冷的手术刀。

其实，抗皱妙招就存在于你生活中一点一滴的细节中，根本不必"大动干戈"。

保持科学的睡姿

女人的睡姿对面部的保养有很大影响。侧睡会增加脸颊和下巴上的皱纹，而趴着睡会让你的额头沟壑纵横。仰卧可使面部肌肉处于最佳松弛状态，血液循环不受任何干扰，面部皮肤由此得到充足的氧气与养分供给，所以又科学又能美容的睡姿是仰卧。

注意面部表情

习惯性的面部动作会加剧皱纹的显露。比如喜欢沉思的人，额头眉间皱纹往往比较多；感情丰富爱哭爱笑者，容易出现鱼尾纹；有些女孩视力不好，又不肯戴眼镜，总喜欢眯着眼睛看东西，这可是美目大敌。医学研究证明，像眯着眼睛看东西这类重复性的脸部运动，会使脸部肌肉过度劳累，最终形成皱纹，所以日常生活中，还是应克制大笑、大哭等夸张的表情。

切忌吸烟喝酒

烟雾中的有害成分不断进入人体后，会影响到皮肤的血液循环，从而使皮肤失去弹性和光泽，皱纹也随之出现和增多。而过量饮酒会影响女性体内激素的分泌，导致内分泌紊乱，反映在皮肤上，会加速皮肤衰老，使皮肤出现皱纹、面色暗沉等现象。所以，要想看起来年轻几岁，女士们切忌吸烟、喝酒，它们可是肌肤衰老的"催化剂"。

避免三"高"食物

"三高"食物指的是高热量、高脂肪、高糖分的食物。进食这些食物后，因为不容易消化，它们往往要在胃肠道里停留很长时间，容易造成便秘，使体内毒素增多，令肌肤暗沉，出现斑点。并且这些食物都属于生理酸性食品，吃得过多容易导致皮肤松弛、出现皱纹。

♥ 美 肤 课 堂

不要只用一侧牙齿来咀嚼食物。若牙齿有问题，应尽快去找牙科大夫诊治。单侧咀嚼会让一边肌肉运动过度，而另一边肌肉使用频率过低，从而造成面部纹路。

爱上维生素A

维生素家族的每一位成员都是营养健康的大功臣，维生素A也不例外。它有维护皮肤细胞功能的作用，可使皮肤柔软细嫩、有弹性。如果女人长期缺少维生素A，皮肤会逐渐失去弹性，变得粗糙无光。因此，维生素A可是消除皱纹的好帮手。

要想补充维生素A，可以适当进食富含维生素A的食物，也可以挑选含有维生素A的护肤品。一般来说，维生素A存在于动物性食物中，如动物肝脏、奶制品、禽蛋等。一些植物性食物，如菠菜、豌豆黄、胡萝卜、南瓜等，因含有维生素A原（β-胡萝卜素），也可以起到补充维生素A的作用。而选用护肤品要注意的是，由于维生素A具有光敏感性，含有维生素A的护肤品只能夜间外敷，白天不能使用。

10分钟高效睡前护理

美容觉喊了那么多年，留心一下真正懂其奥秘的女人，不仅仅是换得第二天的容光焕发，常年优质高效的睡眠，意味着你比同龄人悄悄累积了更多肌肤细胞修复和新陈代谢的黄金时间。而对于一些睡眠动辄少于5小时的少眠一族，还想做个逆生长美魔女，会不会太贪心了？其实，你只要提高睡前保养效率，一样可以在睡眠中抓住逆龄修复力！

如果你很不幸只有5个小时睡眠时间，那么至少留足10分钟保养肌肤。10分钟的睡前护理时间并不算短，只要合理分配和利用，就能达到事半功倍的效果。

2分钟彻底卸妆清洁

少了任何一步都不能少了"扫除"彩妆残留以及一天的污垢和汗液这一步。一夜不卸妆，肌肤老一年，不管有没有化妆，即使只用了防晒也要卸妆。厚重的彩妆

和污垢清除不净，任何营养成分都无法吸收，更会堵塞毛孔。不要再轻易效仿那些极端的不卸妆也照样肌肤透亮的例子了，要知道，美丽的基因完全扛不住后天的无度损耗。为了节省时间，你可以用卸妆水做一次清洁，然后用含有卸妆功能的洗面产品做二次清洁。

1分钟1支精华已足够

相信你的肌肤常常以各种问题叠加的形式出现，比如肤色不够白透的同时，有干燥细纹问题；有细小斑点的同时，有毛孔不够细腻的问题……面对复合的肌肤问题，一瓶全能精华就是最高效的一步。如今含有生长因子以及关注DNA修复的产品越来越多，它们以微观肌肤细胞的再生长为基础，同时具备了减淡皱纹、紧致轮廓、提亮肤色等作用，是你的紧急保养首选精华产品。

2分钟睡眠面膜不可少

将有效营养成分通过精华输送到肌肤后，为了最大限度保证肌肤能够吸收营养并锁住水分，睡眠面膜就是下一个"快打好手"。记住，涂抹1毫米厚只是一个大概的标准，不同类型的睡眠面膜质地不一，我们建议以保湿滋润为主的睡眠面膜可以敷得偏厚，以焕肤清透毛孔为主的睡眠面膜则可以敷得较薄。当然，前者可以在眼周使用，后者则需要避开眼周。

5分钟足浴按摩"不老穴"

在简化面部护理之外，我们建议留点时间泡个脚。用热水来提升气血循环并放松神经，是更好地进入美容觉的快准狠要诀。水温控制得比身体温度略高，加上几滴薰衣草精油最能放松情绪，帮助入眠。泡脚的同时找到你的不老穴——三阴交来按一按，保养的效果更好。三阴交位于小腿内侧，足内踝尖上3寸（即除拇指外其余四个手指并起来的宽度）、胫骨后方凹陷处，它是足太阴脾经、足厥阴肝经、足少阴肾经这三条阴经的交集穴，有补血养颜紧致肌肉的美容功效。

1小时全面睡前护理

调查显示，睡眠欠佳的女性大多会在次日感觉缺乏自信，如果睡前你有1个小时，那么用一切手段调整情绪是最关键的。当然，你还有充分的时间和你的护肤品亲密接触，用美容教主牛尔的话来说就是："把每晚的护理当成最犒赏自己的时刻吧"。

热水泡澡——美容觉的最佳铺垫

跟着志玲姐姐每天把泡澡当成仪式吧。泡澡的水温建议保持在40摄氏度。泡澡时间控制在15~20分钟为宜，一方面充分让身体放松并让经络畅通；另一方面不会因为时间太久而消耗体力，反而造成入眠困难。如果身体很疲劳，可以全身浸泡，让皮肤散发热量，大脑和身体内部温度下降，有助于深度睡眠。入浴前可以放一些薰衣草和洋甘菊这类放松情绪的泡浴产品，泡澡后再涂一些缓解肿胀的身体乳和复方精油。

用"卸妆+清洁面膜"完美洁肤

如果有泡澡的安排，入浴前建议先卸妆，根据彩妆残留以及皮肤油腻程度，可以选择化妆棉+卸妆水或者卸妆油。卸妆之后，我们建议敷上清洁面膜再入浴。这一步主要是为了毛孔的考量，在热水加速毛孔扩张的状况下，清洁成分能更深入地帮助代谢出多余油脂等残留物。不过要注意的是，敷了清洁面膜的情况下，考虑到毛孔的扩张清洁以及缩小美观等缘故，泡澡时间要相对缩短，以10分钟左右为宜，起身后记得用冷水轻轻拍脸。

叠加护理拉长吸收时间

在多重肌肤问题累积出现时，我们有必要在充足的时间内将针对性的精华产品一一叠加到皮肤上。因为皮肤真皮层与表皮层的深浅位置以及各种精华产品分子大小不同的关系，1小时内，我们可以大致按以下顺序叠加各种精华产品：各种抗老精华为第一层，它需要深入真皮层刺激胶原蛋白生成；美白淡斑精华为第二层，美白成分需要进入到表皮层的基底才能达到抑制黑色素生成的功效；保湿和抗氧化精华最后用，它们主要在表皮的角质层发挥作用。每一层都用你最轻柔的手法按摩，待皮肤吸收了百分之八九十后再继续涂下一层。

用呼吸与按摩法提高睡眠质量

在涂抹精油或者面霜时，加入一套有效的按摩动作，能帮助你的情绪进入睡眠状态。其中最重要的是呼吸，要尽可能地将呼吸调整至平稳状态。按摩脸部曲线下方：双手握拳，食指抵在下巴上，拇指从下巴下方向耳朵下方移动。从额头按摩到耳朵前面：拇指固定在紧靠耳朵下方的位置，然后利用其他手指按摩额头。利用中指按摩眼周：按照太阳穴—眼睛下方—内眼角—眼皮—眼尾—太阳穴的顺序，做画圈按摩。

不老美女的睡前抗老秘方

社交名媛圈与娱乐明星圈绝对是不老美女常出的胜地，来看看她们是怎样身体力行地睡出年轻的吧。

林志玲：睡前再累也泡澡

志玲姐姐绝对是逆生长美女的最佳代表。笔者曾采访过她两三次，作为潘婷代言人出现时她长发披肩，双腿笔直纤长，脸上几乎看不到毛孔，娃娃音与随之从脸上带起来的微笑弧线，让笔者在两米的距离内清清楚楚地抓到她紧致的五官和动人的表情。而她反复强调自己最重视的一个心得便是"每天像仪式一样的睡前泡澡"。就算再累，她都创造条件泡个澡，而且会根据当天的身体状态选择泡澡精油，日常用得最多的是薰衣草和橙花，而出差拍时戏则会在浴缸里加入牛奶。这样做，能卸下身心的疲惫，提升新陈代谢效率，为美容觉做好最充足的准备，让第二天的肌肤红润有光彩。

/高龄超模卡门·戴尔（Carmen Dell）：为美戒掉坏习惯

笔者曾问过这位最优雅的超模一个问题："你如何面对衰老？"她一听就笑了，"我从来用不着'面对'衰老，因为它那么自然地发生，女人把笑容留在脸上的时候，一定比实际上看起来年轻。"当然，从容面对衰老并不等于不做任何积极保养，她早年焦虑，睡前总是一根接着一根地抽烟，后来她发现烟雾让她的脸越来越黄、越来越松弛，她就想方设法戒掉了这个几十年的坏习惯。后来她还成了雅顿（Elizabeth Arden）和兰嘉丝汀（Lancaster）抗老系列的代言人，她乖乖地在睡前使用抗皱面霜，每一晚都不落下。

除了以上两个最让我们感叹的不老美女，还有不少名流明星是擅用美容觉和睡前护理来抗衰的楷模。比如杨钰莹，从她的容颜上你无法察觉她的年纪，她最重视的抗老护理便是白天的防晒以及每晚的细致清洁。40多岁却有着25岁容颜的徐若瑄，常常做一个"天然整形"的动作，每晚睡觉前她都会将双腿倒举靠墙，这样停留3分钟，让血液回流，身体微热了再进入美容觉时间；而活到了106岁也美到了106岁的宋庆龄，几乎每晚睡觉前都会进行灌肠，"清除一天的毒素，完成一件了不起的新陈代谢工程"，之后再进入深度睡眠，这是她常年如一日的独门护理秘籍。

天天爱喝水，青春不开溜

　　说起喝水的好处，可能三天三夜也说不完。尤其在预防皮肤的老化方面，水的确是"行家里手"，所以，喝水是女人每天必做的美肤功课。因为喝过水后的皮肤细胞充分获得了补给，可以保持足够的活力，使肌肤变得结实、紧致而又水润，让人看上去容光焕发。不过，水该怎么喝，还是有点名堂的。

清晨一杯蜂蜜水

　　我们都知道清晨早起要空腹喝一杯水，可是喝什么水最科学呢？一杯温的蜂蜜水可是比白开水更有营养。因为人经过一夜睡眠后，体内大部分水分已被排泄和吸收，这时饮一杯蜂蜜水，既可补充水分，又可增加营养。

　　清晨一杯蜂蜜水，不仅可以清洁肠胃，还可以促进血液循环，帮助身体排出毒素，滋润肌肤，让皮肤水灵灵的。

♥ 美 肤 课 堂

　　清晨不适合喝汽水和可乐等碳酸饮料，因为这些饮料大多有利尿作用，清晨饮用非但不能有效补充机体缺少的水分，还会增加身体对水分的需求，反而造成体内缺水。

喝一点红酒

　　虽说过量饮酒能加速肌肤老化，但适量喝一点红酒对皮肤却是有好处的。在中医理论中，酒有活血化瘀、疏通经络的作用，对于血管扩张是有一定帮助的。血行畅通，皮肤当然也会受益，自然会拥有人人梦寐以求的"桃花脸"。

　　葡萄酒的原料及酿制过程使它蕴含有多种氨基酸、矿物质和维生素，能促进皮肤新陈代谢，少量饮用能达到活血养颜的目的。临睡前喝一小杯红酒，既放松心情，又能让皮肤红润、气色好。

除了直接喝红酒，也可以选择红酒类护肤品。许多护肤品都有红酒系列，比如赫赫有名的红酒面膜，其中添加了红酒多酚，可以起到抗氧化、抗衰老的作用。

抗氧化的绿茶

众所周知，绿茶不仅仅可以减肥，它所含的抗氧化剂也有助于抵抗老化。在人体新陈代谢的过程中，如果皮肤过度氧化，会产生大量自由基，致使肌肤的细胞受伤，产生我们都不愿意看到的肌肤问题。而绿茶中含有能清除过剩自由基的物质，可以阻止自由基对人体的损伤。办公一族长期对着电脑，不妨多喝些绿茶。

💜 美 肤 课 堂

哪些人不适合喝绿茶

胃不好的人喝绿茶容易造成胃肠胀气等症状。经期女性也不适合喝绿茶，因为经血会消耗体内铁质，茶叶中的鞣酸会妨碍人体对食物中铁的吸收。茶中的咖啡因会增加孕妇心、肾的负荷，所以孕妇不宜喝茶。

微量元素——抗衰老的功臣

如今不少食品、保健品乃至药品中均标注加入了"微量元素"，这甚至成为一种时尚。那么，什么是微量元素呢？微量元素指的是钙、锰、钾、钠、铁等人体需要、含量又低的元素。因为它们在人体内的含量实在太少，低于体重的0.01%，因此被称为微量元素。但是你别误以为它们"量微"，作用就小，科学实验已证明，微量元素对人体健康有十分重要的作用，其中的锌、硒、铜、锰还是抗衰老的大功臣。

锌

锌的一项重要功能就是抗氧化，它能增强机体清除自由基的能力，从而有效地保护生物膜的结构和功能，并参与细胞的复制过程。人们常说"皮肤是锌镀出来的"，指的是锌能有效延缓细胞衰老过程，延长细胞寿命。

人体所需的锌主要从食物中摄取，牡蛎、扇贝、红螺、红肉、动物内脏、蛋类、豆类、燕麦、花生等含锌量都较高。

铜

铜元素是用来生产血红蛋白和红细胞的，而血红蛋白和红细胞与血液循环息息相关。所以如果体内缺乏铜元素，自然会影响血液循环，血脉涵养不到皮肤，脸色自然不好看。此外，铜还能参与多种酶的代谢，这些含铜的氧化酶能帮助人体清除自由基。自由基可以作用于脂质过氧化反应，引起细胞代谢功能紊乱，惹出一连串肌肤问题，让肌肤缺少弹性、老化、产生皱纹等，是肌肤的"天敌"。

含铜较高的食物，如牡蛎、贝类、动物肝脏、坚果、玉米、豆制品等，女士们不妨多吃些。

硒

硒具有抗氧化的作用，能够清除体内代谢过程中产生的自由基，而且，硒还能提高肌肤的免疫力，从而起到延缓衰老的作用。

硒多存在于动物的肝、肾中，鱼虾、芝麻、糙米、面粉、黄豆、蘑菇以及海带等含硒量也很高。所以，为了美容大计，女士们也应适当地多吃这些食物。

锰

锰是人体内多种酶的辅基和激活剂，能对抗过氧化作用，防止细胞膜受损，是抗衰老的重要元素。另外，人体缺锰可造成骨骼发育障碍，影响体内几种维生素的合成，降低抗病能力。

人体内的锰大多来源于植物性食物，如大米、面粉、扁豆、萝卜缨、大白菜、茄子、芋头等，茶叶中的锰含量也很高。

♥ 美肤课堂

人为什么会缺乏微量元素？

人体内的微量元素一般来说是足够的，只是，有些人由于挑食、偏食造成饮食结构不合理，才会导致微量元素缺乏。也有可能是因为肠胃功能不好，影响了人体对微量元素的吸收。

黑色果蔬——活肤美颜"新宠"

黑色食物指的是含有黑色素和带有黑色字眼的食物，包括黑色的水果、蔬菜、粮食等等。黑色，一直被认为是默默无闻的颜色，黑色的食物也一直被人们忽略。但是，风水轮流转，随着科学技术的发展，黑色果蔬的美容价值被大大地挖掘出来，像葡萄、黑豆、香菇、黑芝麻等，已成为果蔬界抗衰老的新宠。

黑色蔬菜

大量研究表明，黑色蔬菜不但营养丰富，且多有补肾功效，能预防衰老、乌发美容、保健益寿。这主要是由于黑色蔬菜中含有一种黑色素类物质，它具有清除体内自由基的作用，可有效避免皮肤老化。

此外，这些蔬菜对肾有很好的滋补作用，经常食用，可调节人体生理功能，刺激内分泌系统，促进胃肠消化与增强造血功能。

黑色水果

黑色水果之所以呈现出黑色外表，是因为它含有丰富的色素类物质，例如原花青素、叶绿素等，这类物质具有很强的抗氧化性。众所周知，氧化作用是人类老化现象的重要原因，皮肤同样也怕氧化。通过摄取抗氧化食物，可以调整皮肤细胞的代谢功能，补充细胞代谢所需的精华物质，从而达到美容、消除皮肤疾病和抗衰老的作用。

另外，相比浅色水果，黑色水果还含有更加丰富的维生素C，维生素C可以减少皮肤里的黑色素生成，并加快其代谢，因而具有保持皮肤洁白细腻、防止衰老的功效。

六种推荐食用的黑色食物

桑葚：具有增强免疫力、促进红细胞生长、促进新陈代谢等功能。

乌梅：含有大量有机酸，经肠壁吸收后会很快转变成碱性物质，有助平衡体内酸碱性，对改善肤质也有很好的作用。

黑葡萄：含有丰富的矿物质如硒、铁、钙、锌等元素以及多种维生素，有助提高肌肤免疫力。

黑木耳：含有丰富的植物胶原成分，有清胃洗肠的作用，能帮忙排出体内毒素。

黑芝麻：含有丰富蛋白质、维生素，能促进皮肤内的血液循环，延缓衰老，使皮肤得到充足的营养物质，令肌肤水润，恢复柔嫩，光泽重现。

黑豆：含有丰富的维生素E，能清除体内自由基，减少皮肤皱纹，常食黑豆能软化血管，延缓衰老。

此外，最好每周吃一两次黑米，比如黑米粥或是用黑米做成的点心、汤圆、粽子、面包等。因为黑米是一种经典的养颜食物，它的养颜功效得益于它外皮层中含有的花青素类色素，这种色素本身就具有超强的抗衰老作用。

♥ 美 肤 课 堂

常见蔬果抗衰老功效排行榜
（由强到弱）

蔬菜类：藕、姜、油菜、豇豆、芋头、大蒜、菠菜、甜椒、豆角、西蓝花、青毛豆、大葱、白萝卜、香菜、胡萝卜、卷心菜、土豆、韭菜、洋葱、西红柿、茄子、黄瓜、菜花、大白菜、豌豆。

水果类：山楂、冬枣、番石榴、猕猴桃、桑葚、草莓、玛瑙石榴、芦柑、橙子、柠檬、樱桃、龙眼、苹果、菠萝、香蕉、李子、荔枝、金橘、柚子、杧果、杏、哈密瓜、西瓜、柿子。

胶原蛋白——年轻肌肤的根基

食肉皮美容是民间流传甚广的美容良方，据说是源于中医"以形补形"的理念，多吃肉皮，皮肤就会变得光滑而有弹性。事实上，从现代美容医学的角度看，这也是有一定的科学依据的，因为肉皮中含有丰富的美容养颜佳品——胶原蛋白。

什么是胶原蛋白？

胶原蛋白饮品、含胶原蛋白面霜……市面上有诸多标有"胶原蛋白"字样的产品。那么，究竟什么是胶原蛋白？

胶原蛋白是人体内含量最多的蛋白质，分布在全身各个组织器官之中，比如骨骼、软骨、韧带、内膜、筋膜等，但主要还是存在于皮肤中。在皮肤的干重（即除去水分后的重量）中，胶原蛋白的重量占了70%；在真皮层中，胶原蛋白占了真皮干重的90%。

胶原蛋白负责维持皮肤弹性和紧致，并扮演着"深层水库"的角色，为表皮提供水分。但是，女人一过25岁，体内胶原蛋白的流失速度会加快，加上紫外线照射以及体内的氧化作用，都可能破坏胶原蛋白的结构，让它失去原有的弹性，这就是皱纹和脸部皮肤松弛的真正原因。因此，补充胶原蛋白，是避免肌肤松弛老化的有效办法。

如何补充胶原蛋白？

补充胶原蛋白，首先要知道它存在于哪些食物中。一般来说，肉皮、猪蹄、牛蹄筋、鸡皮、鱼皮及软骨中都含有丰富的胶原蛋白。但不少女性为了减肥，盲目地节制肉类食物，只吃蔬菜、水果，导致肌肤不能摄取足够的胶原蛋白，所以，为了让肌肤细嫩、有弹性、延缓面容衰老，女士们要适当摄取肉类物质，保持合理的饮食结构。

市面上也有许多胶原蛋白饮品，它保留了肌肤所需的营养胶质，但是少了肉类食物中的脂肪和热量，因此服用起来更安全、方便，比较适合又要减肥又想拥有美肌的女士。除此之外，还有许多含有胶原蛋白的护肤品，也可以恢复肌肤弹性，使皮肤细腻如瓷，延缓衰老的步伐。

珍珠粉——最传统的美颜秘方

青春永驻，肌肤细嫩，拥有一张美丽到老的面孔，是古往今来的女人不懈追求的目标。古时的女人可没有今天的女人幸福，有各色各样的名牌护肤品帮助护理肌肤。不过，古代美女也有自己喜欢念的美容经，比如珍珠粉就是古代民间美女，乃至皇宫嫔妃梳妆台上常备的美容佳品。

“内外兼修”的珍珠粉

珍珠粉，顾名思义就是用珍珠研磨出来的细粉，是一种比较常见的美容护肤品，不仅可以内服，也可以外敷。

据悉，埃及艳后、慈禧太后、杨贵妃这些一等一的美人，都将口服珍珠粉奉为美容养颜的秘方之一。因为珍珠粉中含有丰富的钙、锌、铜、铁、锰等人体必需的微量元素和十多种氨基酸，能明显改善肌肤老化的现象。珍珠粉中还含有对人体肌肤具有亲和性的保湿成分，可以减轻皱纹、雀斑、青春痘等，使肌肤变得柔软湿润、光滑细腻且富有弹性。如果长期服用，还能促进睡眠，为肌肤细胞赢得修复时间，使肌肤健康润泽。

珍珠粉的使用方法

- 吞服法：早餐和临睡前用温开水吞服，每次0.3~0.6克。

- 牛奶冲饮法：早餐和临睡前将0.3~0.6克的珍珠粉倒入牛奶中，调匀后饮用。

- 口含珍珠粉：将0.3克珍珠粉倒入舌下，抿含4~5分钟，然后用温水清洁口腔。

- 养神益颜茶：将绿茶3克装入小药袋中，取珍珠粉2克置于杯中，用沸水冲泡，一天可反复冲3~4次，当茶水频饮。

- 外敷珍珠粉：将蜂蜜、蛋清、少量珍珠粉加冷水调匀后，敷在脸上即可，它能快速紧致和美白肌肤。如果图省事，还可把珍珠粉加入你使用的面霜或乳液中，调匀了使用，能防止皮肤老化、祛除皱纹、祛黄、提亮暗淡肤色等。

事实上，珍珠粉作为美容抗衰良方，内服外敷，双管齐下的功效更好。

学会辨认珍珠粉

珍珠粉的美容方法大家都知道了，但不一定知道如何辨认好的珍珠粉，若没有一双慧眼，可是会"赔了银子又赔脸的"。要知道，不同质量的珍珠粉，其美容效果可是大不一样的，有的要你"好看"，有的要你难堪。

一般说来，好的珍珠粉有淡淡的腥味，这是珍珠的天然味道，不是让人作呕的那种，其味道有淡淡的咸味，而且，颜色类似于白色，但很柔和，绝非那种惨白惨白的颜色。此外，细度也是衡量珍珠粉好坏的标准之一，颗粒越细，证明质量越好。

♥ 美 肤 课 堂

珍珠粉的细度一般用目数来表示。目数越大，表示珍珠粉越细。一般普通珍珠粉是200~500目；超细珍珠粉可达到1500目以上(粒径10微米左右)；纳米珍珠粉必须达到15万目以上（即平均粒径小于100纳米）。

自制紧肤面膜

细腻紧致、看不见毛孔的肌肤，是每个爱美女性的梦想。其实，收敛毛孔、紧致肌肤，不一定非要用昂贵的精华素才能做到。自制的面膜也可以帮你达成心愿。

柠檬蛋清面膜

材料：鸡蛋1个，柠檬汁1小匙。

制作步骤：

1.将鸡蛋打破，去壳，留取蛋清。

2.在蛋清中加入柠檬汁，充分搅拌均匀。

使用方法：洁面后将本款面膜均匀涂在脸部，避开眼、唇部肌肤。约20分钟后用清水彻底洗净。

美丽解密：这款面膜能有效紧实肌肤。众所周知，蛋清及蛋壳内层的薄膜均富含胶原蛋白，对肌肤有收缩及滋润的功效。柠檬汁则可以直接当作收敛水来使用，有收缩毛孔的作用。这款面膜适合任何肤质，最好一周使用2~3次。

果泥面粉收敛面膜

材料：面粉1大匙，青木瓜1小块，菠萝1小块。

制作步骤：

1.将菠萝、木瓜一同放入容器中，捣成泥状。

2.将面粉加入果泥中，充分搅拌均匀。

使用方法：洁面后取适量面膜敷在脸上，避开眼、唇部。静置10~15分钟，再用清水冲洗干净。

美丽解密：这款面膜不仅能收缩毛孔，还可以当作去角质的面膜。水果泥能深层清洁肌肤，清除老化角质，清理掉堆积在毛孔周围的肌肤垃圾，避免毛孔被撑大。此面膜适合任何肤质，每周使用1~2次为佳。

苏打水紧肤面膜

材料：苏打粉半小匙，面膜纸1张，热水3~4小匙。

制作步骤：

将苏打粉加入热水中，充分搅拌直至苏打粉全部溶解。

使用方法：

1.洁面后，将面膜纸在苏打水中浸湿，敷于脸上，避开眼部及唇部肌肤，静置10分钟后取下。

2.用冷水清洗脸部并拍上收敛化妆水收缩毛孔。

美丽解密：这款自制苏打水面膜有很好的紧致肌肤效果。苏打粉不仅能分解油脂，而且还有软化粉刺、收缩毛孔的功效，令肌肤柔软紧致，富有弹性。此面膜尤其适合有粉刺及毛孔粗大的肌肤，建议每周使用一次。

进阶篇：
拯救问题肌肤

　　拥有婴儿一般完美无瑕的肌肤是每个女人的梦想，但是现实往往很残酷。肌肤时不时就会闹点小情绪：痘痘、色斑、黑头、毛孔、红血丝等麻烦不知何时就会找上门，还迟迟不肯走，让你的印象分大打折扣。本章你将学习到对付这些"不速之客"的必杀技，多管齐下，捍卫肌肤的美丽尊严。

再见！
草莓鼻、红鼻头

鼻部问题必杀技

　　美丽的面容，离不开精致的五官，眼睛、鼻子、嘴巴等都是需要呵护的对象。眼睛、嘴巴都有专用化妆品来修饰，但是长在脸部中央的鼻子，还真让人挠头，基本只能靠自己日常细心护理了。如果打理不当，出现了传说中的"酒糟鼻"、"草莓鼻"，可就坏了美容大计了！

黑头

　　黑头分布在鼻头及其周围部分，多由于平时该部位出油多，油脂经氧化后形成。黑头是困扰很多年轻女性的难题。对付黑头，常见的招数是使用鼻贴，但只能管一时，不能管一世，并且下次出现的黑头会更严重，属于"野火烧不尽，春风吹又生"的类型。

• 美丽处方：用手挤、用暗疮针、用鼻贴，都不是最合适的方法，并且副作用很多。要想安全有效地去除黑头，不妨试试小苏打水。

具体做法是将小苏打加纯净水搅匀，将棉片浸入小苏打水中，再拧干。将棉片贴在有黑头的地方，约15分钟后取下，用纸巾轻轻揉出黑头即可。去黑头的原理很简单，小苏打水呈碱性，皮肤的油脂呈酸性，酸碱中和后黑头就会软化，不会顽固地堵在毛孔处，可以轻易去除。

油光

布满油光的鼻子就是传说中可以反光的鼻子。虽说女人们都希望焦点聚集在自己身上，但没有人希望别人的目光是被自己电灯泡一样闪亮的鼻子吸引过来的。吸油面纸用了一包接一包，但鼻子仍然是"油光可鉴"，该拿这样的鼻子怎么办呢？

• 美丽处方：其实皮肤油，是因为水油不平衡，所以更要保湿。多喝水，正确使用化妆水，都能缓解油腻，此外充足的睡眠、正常作息、避免熬夜也是控油的好方法。

发红

都说爱撒谎的孩子，鼻子才会变红，但为什么你的鼻子也越来越红呢？那是因为鼻子经常清洗不干净，招致螨虫寄生在"营养丰富"的毛囊中。

• 美丽处方：最重要的就是注意鼻子的清洁卫生，如果鼻子四周一直处于清洁、干燥的环境，螨虫也无处为生。

色斑

它的出现让肌肤总有一丝抹之不去的遗憾，鼻头顶几个雀斑，在孩提时代还算是可爱；但在成人之后，则实在有碍观瞻。

• 美丽处方：色斑都是由黑色素引起的，不妨多吃些西红柿，它能使色素减退。还有个偏方是用茄子皮敷脸，具体做法是将干净的茄子皮敷在鼻子两侧，坚持使用一段时间后就会发现斑点没那么明显了。

下"斑"时间到

你的斑点是哪一种?

对着镜子,仔细研究一下自己的脸蛋——怎么忽然冒出这么多小斑点?原来不起眼的小雀斑队伍纷纷变大、变强了,让人想忽略都不行。难道自己就这样糊里糊涂地做起"斑点"女人?当然不是!不过在对付它们之前,你要先搞明白它们是怎么来的。

<hr>

色斑的种类

虽说都是出现在脸上的斑点,但它们也是有区别的。要想尽快去除斑点,首先要分清楚自己是哪一种斑。

- **雀斑**

这是不少人脸上常见的一种斑,一般出现在鼻部及眼眶下,呈棕色。雀斑大多是由于紫外线照射引起的,此外长期压力过大以及新陈代谢紊乱也可能导致雀斑出现。

- **黄褐斑**

亦称"肝斑"、"蝴蝶斑",多发于面、额、鼻、唇周部位,一般出现在中年妇女身上,多半是由于内分泌失调引起的。

- **晒斑**

顾名思义,晒斑是由于曝晒引起的,有时候还伴有烧灼或刺痛感,通常一周左右即可自行恢复。晒斑多见于年轻女性脸上,且肤色白皙者更容易出现此类斑。

防治结合铲除色斑

清洁防止斑点加重

为了预防斑点加重，尤其要注意脸部的清洁工作，可以用按摩、敷面膜等方式防止毛孔阻塞，随时保持毛孔畅通，减轻色素的沉淀。

除旧防新的防晒功课

不管是先天斑点，还是后天斑点，会造成黑色素增多和聚积的罪魁祸首往往是紫外线——不仅仅是雀斑会在暴晒下汹涌爆发，如果防晒功课做不好，原本白净无瑕的皮肤上也会在不知不觉中出现一些破坏和谐的晒斑。尤其在两颊位置，在初期看起来可能只是颜色有些暗沉，但在强光下细细分辨，会发现是一些颜色尚浅的斑点，如果不加控制，它们的颜色会加深，数量也会增多。防晒是预防这类斑点的首要功课，即使是在秋冬季节，有防晒功能的护肤品也是必备的，到了阳光强烈的春夏，更不能让斑点见光。在遏止斑点增长的前提下，使用专门针对斑点区域的强力美白精华素是进一步将其铲除的方法之一，这类产品中一般都含有浓度较高的去除黑色素成分，如熊果苷、鞣花酸和左旋VC等。

以光克斑

在美容界红得发紫的脉冲光是更直接有效和迅速的去斑手段。激光去斑的原理是用光波的能量和脉冲，精准地深入到斑点所在肌肤层次，分解黑色素并促使它在皮肤中代谢排出。一般来说，对于后天形成的以及比较浅层的斑点，脉冲光都有很好的治疗效果。而对于比较深层的，尤其是源自天生和遗传的斑点，也可以起到一定的缓解作用，但要做好无法使其完全消失的心理准备。脉冲光虽然神奇，效果立竿见影，但对于大面积的颜色比较深的斑点，通常也需要多次分疗程操作才能达到满意效果，而且光子疗程之后皮肤格外脆弱，做好防晒和保湿等养护工作格外重要。当然，挑选一个足够专业的医学美容机构和认真负责的医生，与医生进行有效的沟通，能够帮你规避风险，取得最佳祛斑效果。

内调预防后天斑

对于内分泌失调造成的黄褐斑，想要治本，一定要内调才行。每个人内分泌失调的原因不尽相同，不管是西医还是中医，都需要全面检查和调养才有用。不过看医生也不意味着按时吃药就能药到病除，全面遵从医嘱，调节自己的作息和饮食，是治疗手段能够见效的基础。

化妆来救急

在祛斑见效前，或是针对那些顽固的斑点，想要看起来更无瑕的白皙肌肤，遮瑕可以起到救急的作用。想要尽快找到那支"本命"强力遮瑕膏，以下几个寻找的方向可以帮你少走弯路。

* 比肤色暗一个色号的遮瑕膏，遮盖斑点更给力。如果认为斑点颜色比皮肤深，就要用浅色遮瑕膏，那就大错特错了。颜色太浅的遮瑕膏，会让患处看起来更明显，更难以融入肤色。

* 试试遮瑕刷。有些遮瑕膏的质地不适合用手指涂抹，尤其对于表面积比较小的斑点来说，也许一支遮瑕刷，可以让你对某种遮瑕产品的印象产生戏剧性逆转。

* 水至清则无鱼，不必非遮住一切。没有人会像你自己一样，对住放大镜和最强光线看你的脸，在镜子前退后一步，看整体效果，只要斑点"基本"消失，就足够过关了。如果追求完全"隐形"，很可能会收获一个妆感过重的底妆，反而弄巧成拙。

冷热护理法

对于突然冒出的小块斑点，可以采用冷热护理法来淡化。通过冷、热交替，能促进脸部血液循环，逐渐淡化色斑。

1.用冰块冷却脸部30秒~1分钟。

2.选择小冰块，敷于脸部有色斑的部位，时间以30秒~1分钟为宜。

3.用浸了热水的化妆棉，敷于冷却部位30秒~1分钟，注意调节水温，以免烫伤肌肤。（重复1~2次）

自制祛斑面膜

对于脸上出现的斑点，女人恨不得它们立即消失。祛斑是一项长期战斗，不可急于求成。除了前文所讲的方法，不妨试试用自制的面膜来慢慢淡化它，一天一天坚持下来，你能看得见肌肤的进步哦。

橄榄油面膜

材料： 橄榄油50毫克，蜂蜜20克。

制作步骤：

1.将装有橄榄油的耐热容器放入40℃左右的温水中，隔水加热至37℃左右。

2.在加热后的橄榄油中加入蜂蜜调匀，然后把消毒纱布浸在油中。

使用方法： 取出浸满橄榄油和蜂蜜的纱布块覆盖在脸上，20分钟后取下。

美丽解密： 橄榄油富含维生素A和脂肪，同蜂蜜中的多种氨基酸配合，有显著的抗皮肤衰老和祛斑润肤的功效。这款面膜特别适宜于肌肤干燥又多斑者，建议一周使用一次。

苹果番茄面膜

材料： 苹果1个，番茄1个，淀粉5克。

使用方法：

1.将苹果去皮，捣成果泥，敷于脸部，20分钟后用清水洗净。

2.将鲜番茄捣烂，调入少许淀粉增加黏性，敷于面部，20分钟后用清水洗去。

美丽解密： 这款面膜其实包括了苹果面膜和番茄面膜两种。苹果、番茄中都富含维生素C，可抑制黑色素的合成，所以能祛除面部黄褐斑和雀斑，并能美白皮肤。不过这两种面膜要坚持使用，才能达到祛斑的功效，切不可三天打鱼，两天晒网。此面膜适合于任何肤质，可以每天使用。

红酒蜂蜜面膜

材料：小麦粉50克，红酒30毫升，蜂蜜2~3茶匙。

制作步骤：

将红酒倒入小麦粉中，再加入2~3匙蜂蜜调至浓稠的状态。

使用方法：洁面后，将面膜均匀敷在脸上，约20分钟后，用温水冲洗干净。

美丽解密：这款面膜有很好的祛斑效果。红酒中的果酸，能够促进角质新陈代谢，淡化色素，淡化斑点，让皮肤更白皙、光滑。蜂蜜历来就是养颜至宝。不过对酒精过敏的肌肤要慎重尝试这款面膜。此面膜建议一周使用一次。

芦荟面膜

材料：芦荟叶1片，面粉1大匙，蜂蜜1大匙。

制作步骤：

1.用小刀将芦荟叶的绿色外皮去掉，然后将无色透明的果肉捣成汁。

2.在芦荟汁中加入面粉和蜂蜜，调匀。

使用方法：将做好的面膜均匀地敷在脸部，10分钟后洗净。

美丽解密：芦荟中含有大量蛋白质，可以加速皮肤新陈代谢，增加皮肤弹性，减少皱纹，具有美白、祛斑、细滑肌肤等功效。加入蜂蜜和面粉后，此面膜具有紧致肌肤的良效。这款面膜适合任何肤质使用，建议一周使用2~3次。

❤ 美 肤 课 堂

有些人对芦荟过敏，因此做面膜前，最好先把芦荟汁涂在手背试试，确认没有过敏反应再做。

必胜战"痘"计划

痘痘是怎么来的？

满脸的"痘痘"，是不少女性的烦恼之源。看着别人都化着漂漂亮亮的妆，自己却只能素面朝天，还这不能吃，那不能吃，清规戒律一大堆。可是，什么方法都试用后，那该死的痘痘为什么依旧如同"野火烧不尽"的小草，总是不能断根呢？所谓"知己知彼，百战不殆"，开始战"痘"前，先来了解一下我们的敌人。

青春痘和成人痘

脸上的痘痘，按发生的年龄可分为青春痘和成人痘。青春痘一般来说是少女之必经阶段，主要成因是油脂分泌太旺、毛孔不容易保持洁净。成人痘则属问题肌肤，一般说来25岁以上出现的持续性的痘痘基本上都属于成人痘。

成人痘的成因比较复杂。皮肤长期水油不平衡、内分泌失调、老化角质堵塞毛孔、肌肤新陈代谢变慢、压力大、荷尔蒙水平紊乱等许多因素都可能导致成人痘的发生。这样的肌肤往往还伴随外油内干现象，内层缺水导致恶性循环，对整体肤质产生非常不利的影响。所以，去除成人型痘痘不是一天两天的事情，要靠持之以恒的肌肤护理。

痘痘肌大拯救

肌肤护理大纲

由于痘痘肌肤的特点是油脂分泌比较旺盛，所以护理时要十分注意面部清洁，每日早晚用温水洗脸，并且要尽量选用质地温和的洁面产品。洗脸次数也不宜过多，因为痘痘肌本身已十分脆弱，洗脸次数过多会破坏正常的皮脂膜，使皮肤更脆弱。然后，每周去一次面部角质即可。

护肤品尽量不要选择油性的，优先考虑补水性好的产品。面膜是一种"密封式"的保养法，对缓解痘痘肌肤的敏感情况大有好处，建议选用含有海藻萃取物、茶树、金缕梅、洋甘菊、甘草精、维生素B$_5$等天然保养成分的面膜。

至于防晒霜、隔离霜、粉饼或彩妆等，一定要慎用，避免加重肌肤过敏情况。如果必须化妆，最好先擦上薄薄的药膏再上妆，避免含粉底的产品进入扩张的毛孔造成阻塞，使得痘痘加重。

不同部位痘痘的保养手段

- **额头痘：舒缓情绪，降心火**
  额头经常长痘痘的人心火较旺，血液循环有问题，可能是压力过大、劳心伤神所致。常喝莲子汤可去心火：用不去芯的莲子，加冰糖适量，煮熟后吃莲子喝汤。

- **鼻头痘：清热解毒，去胃火**
  鼻头及鼻周经常长痘痘，通常是胃火大、消化系统异常所致。有鼻头痘的人应该少吃冷饮和甜食，并且不要吃得太油腻，让肠胃保持清爽。

- **下巴痘：调养身体，防便秘**
  下巴长痘痘，通常是内分泌失调、便秘或女性经期到来的前兆。有此类痘痘的女士要保持生活规律，尽量在晚上11点前睡觉，以促进皮肤新陈代谢；多吃些富含B族维生素的食物，如瘦肉、蛋类、豆制品，以及粗纤维的食物如芹菜、海带、紫菜等。

此外，保持良好的心理状态也很关键，千万不能因为长了青春痘，就心情郁闷，以免引起内分泌紊乱，使脸上的痘痘来势更猛。

💗 美 肤 课 堂

不要随意用手挤压青春痘，用手挤压容易引起炎症扩散，让青春痘更严重，甚至留下疤痕。额头爱长痘痘的女士最好不要留刘海，以防细菌滋生引发痘痘。

痘痘急救术

- ### 温柔护理——战痘必杀技

对于突然冒出的痘痘，温柔的清洁才是正确的应对方式，清洁力强的磨砂类洁面产品要首先避免，它们会刺激痘痘，结果得不偿失。这时，保证肌肤的水油平衡尤为重要，与其选择强力控油的产品，不如选择保湿性能优越的化妆水，通过补水来抑制油脂分泌是目前控油效果最好的手段。

- ### 水杨酸——收干"压力痘"

"压力痘"就是我们常说的闭合性粉刺，越是特殊场合越容易来捣乱，为了加快"灭痘"节奏，可以选择热蒸、热敷等方法，帮助扩张毛孔。另外局部涂抹含有水杨酸的轻微剥脱类保养品，能快速收干痘痘中没有排除的多余皮脂，让肌肤快速平滑好上妆。

- ### 茶树精油——急救圣品

茶树精油有极佳的收敛、抗菌、消炎等功效，可快速舒缓镇静红肿发炎的痘痘，将茶树精油稀释后用化妆棉轻敷或者选择含有茶树精油的冻膜在睡前厚敷，次日就能感觉痘痘平复许多。

这样抗痘对吗？

反正皮肤油腻、粗糙，就每天用颗粒洁面产品。霸气？

如果你是痘痘肌，这份霸气可要不得。尤其是夏季，肌肤易敏感，频繁使用颗粒洁面产品，会对肌肤表皮造成机械刺激，因此想图爽快的话，还是奉劝大家三思而后行。如果觉得普通洁面产品不给力，那么配上专业刷头的电动洁面仪也是不错的选择，不仅能更好地驾驭鼻翼等细节部位的清洗，而且安全无刺激。

不惜在脸上花下重金，各种高级护肤品叠加涂抹。贵气？

让肌肤吸收营养，抵抗力强了，自然不会有痘痘产生？这样想当然的抗痘理念要不得。如果成分和基质太过复杂，若是叠加不当，反而会增加对皮肤的刺激，很容易导致毛孔"憋屈"，反倒欲盖弥彰，尤其是夏季。比如精华质地太过粘腻、锁水分子颗粒太大，也是闷出痘痘的恶首。夏季使用的精华面膜，也要选择稠度低的产品。

知道做好防晒功课、懂得适时使用AHA产品抗痘。神气！

任何痘痘肌，白天必须防晒，抛开紫外线的光老化不说，紫外线本身对痘痘就有直接诱发的作用！有些SPF过高的防晒霜容易堵塞毛孔，建议选择清爽型的防晒用品，皮肤出汗出油后，可重复涂抹。在医学美容中心，AHA（甘醇酸）是皮肤科医生爱用的祛痘王牌，可谓急救的终极法宝，因其浓度和使用周期调控问题我们难以把握好，建议在医生的指导下使用，并避免在日间使用。

怎样去除痘印

即使可恶的痘痘被消灭了，但是，脸上还可能会留下坑坑洼洼的痘印。怎样去掉这些可恶的痘印呢？

苹果消痘贴

选新鲜的苹果为佳。先将沸水倒在一片苹果上，等几分钟，直至苹果片变软。再将其从水中取出，待其冷却至温热时，贴于痘印上，保持20分钟后取下，用清水洁面即可。一周使用两次就好。

珍珠粉+酸奶

在少量的珍珠粉中，滴几滴喝剩的酸奶，混合搅匀，当作面膜敷在有痘印的地方，可以直接过夜，第二天洗掉即可。

注意事项：

这个方法要长期坚持，且珍珠粉不要放得太多，不然很容易堵塞毛孔。酸奶尽量选低脂或者是脱脂的，避免养分过多导致脂肪粒产生。

类医学焕肤

如果想追求更快速的效果，那么媲美医学美容疗程的焕肤类产品就比较适合你。它们含有的医学美容成分配方能帮助你快速剥脱老废角质层，同时还能修复肌肤天然屏障，温和地让你的肌肤迅速新生。

自制祛痘面膜

很多姑娘在战"痘"中屡战屡败，屡败屡战，乐此不疲。在消灭痘痘的过程中，我们也体会到了创造的乐趣，试试下面的自制面膜吧，虽然简单易做，但功效却不同凡响。

胡萝卜面膜

材料：鲜胡萝卜500克，面粉5克。

制作步骤：

1.取鲜胡萝卜洗净，捣碎。

2.将捣碎的胡萝卜粒及其汁液，加入面粉再捣成泥。

使用方法：将制好的面膜敷于面部，10分钟后洗净即可。

美丽解密：本面膜有祛除青春痘、抗皱的功效。胡萝卜所含的β-胡萝卜素，可以清除肌肤的多余角质，对痘痘肌有镇静舒缓的功效。若能多吃些胡萝卜（用油烹调后食用，以利于胡萝卜素的溶解吸收），内外兼治则效果更好。用胡萝卜榨取的汁液涂洗脸部效果也不错，建议隔天使用一次。

草莓面膜

材料：草莓50克，鲜奶1杯。

制作步骤：将草莓捣碎，用双层纱布过滤，将汁液混入鲜奶，搅拌均匀。

使用方法：

1.将草莓奶液涂于皮肤上加以按摩。

2.奶液在皮肤上停留15分钟，然后用温水清洗干净。

美丽解密：这款面膜特别适合油性肌肤痘痘横生的人，草莓不仅具有增白和滋润保湿的功效，更有去油、洁肤的作用。将草莓挤汁来敷面，能让肌肤爱长痘痘的症状缓和下来，对皮脂分泌旺盛的皮肤也非常有效。建议一周使用一次。

绿茶蛋黄面膜

材料：绿茶粉1小匙，蛋黄1个，面粉2小匙，蜂蜜适量。

制作步骤：

1.在面粉中加入蛋黄搅拌。

2.再加入绿茶粉、蜂蜜搅拌均匀。

使用方法：将做成的绿茶面膜敷在整个洗净的脸部，再铺上一层微湿的面膜纸，停留在脸上5~10分钟后用冷水或温水洗净。

美丽解密：绿茶粉富含维生素C及类黄酮，类黄酮能增强维生素C的抗氧化功效，对肌肤有很好的美白效果。另外，绿茶粉所含的单宁酸可紧致皮肤，且有杀菌作用，对粉刺化脓也有特效。平时洗完脸后，你还可以用手蘸些水，再蘸取绿茶粉，拍打脸部以清洁皮肤。

金盏花面膜

材料：干金盏花2大匙，原味奶酪1小片，柠檬汁5滴。

制作步骤：

将干金盏花、柠檬汁、原味奶酪放到搅拌器中，充分搅拌成泥状。

使用方法：洗完脸后，将面膜涂在面部，避开眼、唇部肌肤。用手轻轻按摩，约15分钟后用温水洗净即可。

美丽解密：这款面膜能有效去除老废角质，温和祛痘，使肌肤润泽、光滑。金盏花还可消炎降火，借着奶酪去老化角质的特性，金盏花更能深层祛痘，对于初发的痘痘特别有效。长期坚持使用还能控制痘痘复发，建议一周使用一次。

肌肤反"孔"行动

不护理好毛孔，肌肤没有未来

　　明明肌肤状况看起来还不错，但拿起相机自拍出来的照片却让人不忍直视；对那种能放大脸部细节的镜子天生抵触，因为它的诚实让你的脸部瑕疵无所遁形……这一切对肌肤的不自信，其实都来自一个肌肤问题，那就是"毛孔"。无论你白成日光灯还是卫生纸，粗大的毛孔就像是粘在上面的苍蝇，让你距离完美肌肤总有一步之遥。

　　要知道，在这个手机摄像头像素都动辄千万的高清时代，任何的肌肤瑕疵都会被成倍放大，社交网络的流行让你的照片会被更多人浏览。不够完美的脸型可以依靠角度藏拙，轻微的肤色不均可以依靠光线调整，但唯有毛孔在镜头下无处藏身。你可以选择永远躲在镜头后，做一个"文艺女青年"；你也可以埋头钻研PS、美图秀秀，只为让自己的皮肤看起来好那么一点点，但它们都不能阻止你"见光死"的命运。

　　不护理好毛孔，肌肤没有未来。这不是危言耸听，因为毛孔是从你出生起就开始伴随你终生的皮肤构成部分，它不仅仅会破坏肌肤的完美无瑕，更是抹杀青春轮廓的罪魁祸首。

与毛孔有关的数字

　　毛孔是皮脂腺分泌的油脂流向肌肤表面的小通道或者是长汗毛的小孔。毛孔的直径大概为0.02~0.05毫米，每平方厘米的肌肤上有100~120个毛孔，人的面部共有2万多个毛孔。

　　毛孔细腻的肌肤不仅容易上妆，而且肌肤看上去十分嫩滑。而粗大的毛孔看上去不仅不雅观，还会使细菌容易侵入，带来肌肤困扰，如青春痘等。

你的毛孔是哪一类?

在开始解决问题之前请深吸一口气，找一面镜面凸出、有放大功能的镜子仔细观察我们脸上的毛孔——这并非吹毛求疵，而是为了便于之后对症下药。在放大魔镜的帮助下，你不难发现，有两种毛孔可能是从青春期起就陪伴我们的老友了。

黑头毛孔

容易出油的黑头毛孔不仅有碍观瞻，还可以被称作定时炸弹，"草莓鼻"上星星点点的正是这类毛孔。它们通常在容易出油的T区出没，毛孔内由于油脂、彩妆和灰尘的堆积而氧化变色，不及时清理毛孔会越来越明显，还有随时发炎肿胀，演化成痘痘和暗疮的危险。

红毛孔

成人痘爆发前或爆发后留下的红肿毛孔是脸部肌肤"治安"最不好的地带。对于比较敏感的肌肤来说，普通的黑头毛孔很容易因为发炎而红肿。即使是比较"皮实"的肌肤，在水油不平衡、生理周期带来的荷尔蒙变化、作息不规律和外界环境的刺激等因素的影响下，也很容易出现这样的"红毛孔"。一旦红毛孔连接成片，即使不以微距细看，肤色不均、泛红的观感也很容易将你的毛孔问题泄露出去。

水滴毛孔

最后一种毛孔，往往会在25岁之后出现，起初露面的时候混迹在鼻翼两侧，和黑头毛孔打成一片，然后呈蔓延之势，占据脸颊要害。如果放大来看，这些毛孔呈椭圆水滴型，实属肌肤弹性降低加之地球引力牵制的结果。这类毛孔可不仅仅是破坏肌肤的完美无瑕，更是抹杀整体轮廓青春紧致的罪魁祸首之一。最可怕的是，如果不给予足够重视和预防，它们会在不知不觉之间爬上两颊，因此就算你之前从未为毛孔问题烦恼，也不代表可以一直放松警惕。因为这一类毛孔和先天条件以及肤质的关系不是那么大，而是随着年龄增长，每一位"熟女"或者"半熟女"都可能遭遇的问题。

是什么放大了你的毛孔？

为什么好端端的毛孔会慢慢放大，影响美容大计呢？导致毛孔粗大的祸根有以下几个方面：

/油性肤质　　　　　　　　　　　　"孔"慌等级 ★★★★

油性皮肤和混合性皮肤的T区皮脂分泌特别旺盛，过剩的皮脂堆积在毛囊里，使毛孔膨胀，随着年龄的增长，毛孔看起来会越来越粗大。

/日晒　　　　　　　　　　　　　　"孔"慌等级 ★★★★

过度日晒几乎是所有肌肤问题的元凶。有一个可怕的数字跟大家分享：肌肤70%的外因老化来自紫外线。没错，紫外线会毫不留情地破坏肌肤中的胶原蛋白，使皮肤失去弹性变得松弛，毛孔周围肌肤的支撑力减弱，原本细腻的毛孔便会开始下垂，形成水滴状毛孔。

/角质堆积　　　　　　　　　　　　"孔"慌等级 ★★★

不给肌肤定期去角质，就好像穿脏的衣服不及时清洗，污垢便不再容易被清洗干净。肌肤无法恢复到最初的洁净状态，毛孔中堆积过多污垢和角质，会使毛孔变得粗糙，容易堵塞，造成毛孔粗大之外，还会带来粉刺的困扰。

/不健康的生活习惯　　　　　　　　"孔"慌等级 ★★★

不过半夜12点不睡觉、没有咖啡就无法打起精神、床单枕套久久不更换、对于油腻和辛辣食物没有抵抗力，这些不健康的生活习惯会使体内荷尔蒙分泌紊乱，造成肌肤角质代谢紊乱，让毛孔无法正常排泄油脂等污垢，使肌肤陷入"孔慌"危机。

过度护肤 "孔"慌等级 ★★★

在炎热的夏季，空气相对湿度有时会达到80%甚至更高，远超出肌肤感觉舒适的60%。而温度每上升1摄氏度，肌肤出油量就会增加10%。高温高湿导致皮脂包裹住汗水无法蒸发，肌肤就像长期泡在水里一样。此时如果还是不厌其烦层层叠加护肤品，或是涂抹油腻度高的面霜类产品，也难怪毛孔要抢着张大着喊救命了。

清洁不彻底 "孔"慌等级 ★★

尽管有许多卸妆油都号称可以卸妆洁面一步完成，我们仍然建议你在使用卸妆油之后再使用洁面乳彻底清洁肌肤。因为卸妆油如果乳化不彻底，污垢和彩妆残留在肌肤上会导致毛孔堵塞、产生角栓，从而将毛孔撑得更大。在清洁肌肤时要尽量选择温和的、非皂基的洁面产品，才能不破坏肌肤屏障，不在清洁后带来新的肌肤问题。

食糖过量 "孔"慌等级 ★★

你是否难以抗拒甜食的诱惑？要知道，它们也是间接让毛孔粗大的隐形杀手。随着年龄的增长，人体对于糖分的代谢能力变差，当它们不能被完全代谢时，就会生成一种极易与蛋白质结合的物质，发生糖化，导致胶原蛋白老化和流失，毛孔就会越发松弛。

攻克问题毛孔三连击

如何针对三种不同毛孔部署有效的打击计划呢？下面为你提供三条护肤路线，让你像使用神奇的Photoshop一样，感受亲手抹去毛孔的快感。

内外夹击黑头毛孔

造成黑色毛孔的内因是油脂分泌，外因自然是氧化和灰尘。看紧出油毛孔，调整肌肤内部和表面油脂含量的"清淡"路线是内部打击首选策略。尤其在皮脂分泌旺盛的夏季，选用成分少油多水的护肤品，可以避免给油脂代谢带来额外负担。很多亚洲人都是T区油、U区干的混合型肌肤，如果找不到可以自动调节的"智能"护肤品，至少可以分别对待，分开使用针对不同区域的护肤产品，如在T区叠加调节油脂分泌的毛孔精华，或在U区叠加更滋润的面霜。总之，将那一小撮出油毛孔看牢，就断绝了黑色毛孔滋生的内因。

油脂吸附空气中的灰尘杂质，加之空气的氧化作用，是毛孔中"黑色"的来源，要想彻底"打黑"，外部的防护工作也要做好。一款有抗氧化功效的隔离霜可以截断杂质入侵，无疑是改善黑色毛孔的有力武器。除了隔离霜外，有化妆习惯人，不妨把所有底妆都升级成有抗氧化功能的产品。时下流行的大豆、红石榴和矿物质等添加物，在使用一段时间后，不仅能带来肌肤明亮度、紧实度的改变，也让你的毛孔随着黑色角栓的消失而纷纷隐形不见。

♥ 美 肤 课 堂

面霜油度测试小窍门

一般来说，面霜按质地区分油度，凝露或啫喱>乳液>乳霜。如果想更详细地区分其含油量，可以使用吸油纸做简单的小测试。将少量面霜用手温乳化后，点在吸油纸上，观察油分扩散和吸油纸被浸透的情况。吸油纸变透明的速度越快，面积越大，证明面霜油度越高。

红毛孔：灭火平衡最关键

解决泛红发炎的毛孔，最直接的办法无非兵来将挡的抗炎疗法。水杨酸或者抗生素消炎软膏都是对付成人痘和红肿毛孔的应急武器。然而应急固然可行，但不是长久之计。想根除"红毛孔"，得把应急和舒缓平衡配合起来才行。

肌肤发炎变红，是对外界刺激的应激反应，对于毛孔来说，也是如此。想要毛孔情绪稳定，安抚工作要做足。夏天室外的高温和室内空调冷风的轮番虐待，让毛孔无所适从，只能发红发炎表示抗议。避免这样的温差刺激，及时为肌肤补充维生素、矿物质，并使用温和低敏的护肤品，为毛孔"减负"是缓解症状的第一步。平衡水油，终结过多的油脂，不给细菌滋生的机会，则能占据从根本上消灭红毛孔的战役的制高点。除了常规护肤程序中要做好保湿外，吸油纸+保湿喷雾的黄金搭档能让你的脸分分钟保持清爽，彻底剥夺红毛孔的生存空间。

经常被成人痘困扰的人都会很有经验，成人痘和泛红毛孔的出现往往伴随着生理期的波动，因而，平衡荷尔蒙也能给红毛孔带来较大改善。雄性激素决定皮脂分泌，多补充一些维生素E和B族维生素，可以平衡体内雌性激素和雄性激素的比例，避免皮脂分泌的大波动，为红毛孔减负。此外，保持充足的睡眠、清淡的饮食和开朗的心情，也会直接在毛孔状态上有积极反应。

♥ 美 肤 课 堂

红毛孔江湖救急小贴士

冷敷：最快、最简单，伤害又小的红毛孔应急法莫过于冷敷。将片状面膜放进冰箱，夏天用起来"灭火"又惬意。如果早上来不及冷藏面膜，将浸润化妆水的化妆棉放进冷冻层三分钟，也完全足够局部冷敷用，可以收缩毛孔，消除红肿。

消炎：不必用猛药，金缕梅、茶树油和珍珠粉等天然成分，都是给红毛孔消炎收敛、同时养护护肤、不会产生依赖性和抗药性的好选择。

调色：遮盖毛孔发红部位，肤色遮瑕膏不如绿色遮瑕膏拿手——补色原理能帮你把修修补补的"表面功夫"做到家。

水滴毛孔天天向上

尾端向下的水滴形毛孔，是由于肌肤中胶原蛋白流失、肌肤纤维松弛造成的，加之肌肤含水量过低，无法饱满地支撑毛孔，毛孔从而屈从于地球引力，随肌肤纹理下垂。换句话说，水滴形毛孔是肌肤衰老的先兆信号，挽救水滴毛孔或者延缓其出现，是抗衰路上必须拿下的第一个战役。

• 高弹力保养

提升肌肤向上的"弹力"，是水滴毛孔保养的关键词。恢复支撑毛孔肌肤组织的弹力，一方面要抗氧化、抗糖化，切断毛孔继续松弛的动力；另一方面，要通过补充胶原蛋白，加速细胞更新，修复肌肤DNA等方式，挽回已经造成的损失。对付这种毛孔，通常以调节角质和油脂为诉求的毛孔精华已经不够满足需要，一款有实实在在科技含量的抗老精华会给你带来意想不到的惊喜。内服抗氧化美容品和胶原蛋白，虽然不能药到病除，也是必然能带来长久效果的"高弹"手法之一。

• 水分喝饱——高水度底妆

"充盈"是底妆在有水滴毛孔的轻熟肌肤上需要达到的效果。对于25岁以上的肌肤，从"干瘪"到"水润"的转变，不仅仅是简单的保湿护肤就可以达成的。在底妆环节，如果选用的产品相对于你的肌肤过于干涩，反而会给之前的护肤成果减分。对于有水滴毛孔困扰的人来说，选用霜状和慕斯状的粉底，往往能获得更好的保湿充盈效果。而散粉只能"干巴巴"也只是偏见而已，"高含水"的散粉使用感十分新奇，对毛孔的遮盖度也不错。在两颊使用光感细腻的高光产品，遮毛孔和营造立体小脸同时完成，一箭双雕，还在视觉上有"水汪汪"的年轻感哦。

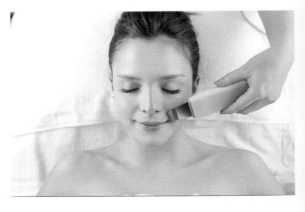

养成细节保养好习惯，毛孔永远不松弛

要知道，不是只有油性和痘痘肌肤才有毛孔问题，随着年龄增长和胶原蛋白的流失，它也是熟龄肌肤会遭遇的问题。要想毛孔天天向上，还需养成长期护理的好习惯，只有将健康的护理方式和生活习惯贯彻到每一个细节中，肌肤才能长久保持光滑细腻。

水分喝饱，毛孔无地自容

做好基础保湿工作，比等到毛孔问题出现时再求医问药靠谱得多。很多时候肌肤出油、毛孔粗大，都是因为保湿工作没有做到位。在夏天，你可以选择质地轻薄的乳液、凝露等产品，而甘油、透明质酸、海藻糖都是很适合这个季节的保湿成分。当肌肤水分充盈时，皮脂腺就会减少油脂的分泌量，肌肤出油量减少了，粉刺黑头等毛孔问题就会得到缓解，更重要的是，当毛孔周围的细胞膨胀起来后，毛孔也变得无地自容了。

> 试试看看
>
> 每天都敷面膜太重口味，不妨用化妆棉湿敷在双颊和T区，确保肌肤喝饱水。夏季需要及时根据肌肤需求调整保湿产品，如果一瓶化妆水就能满足保湿需求，就没必要再使用厚重的面霜了。

做足防晒，事半功倍

紫外线真的是一切肌肤问题的根源，所以无论如何都请做好防晒工作吧。我们的建议是，与其纠结防晒指数的高低，不如足量涂抹。要知道SPF15的防晒霜能够抵挡93%的紫外线，而SPF30的防晒霜也只是将这个数字提升到97%而已，而减半的涂抹方式则让防晒能力以指数级的速度下降。只有肌肤支撑力和弹性不被紫外线过早破坏，毛孔才能如你所愿乖乖听话。

如果担心一次涂抹1毫升的防晒霜太油腻，那就少量多次涂抹吧。还可以在使用防晒霜之后用吸油纸轻轻按压脸部，吸取多余油分的同时也避免了可能造成的毛孔堵塞。

酸类助力，温柔"打黑"

一般情况下，肌肤都需要通过适当去角质来达到促进细胞更新、加速肌肤健康新生的目的，更何况是备受毛孔问题困扰的你。聪明的做法是避免使用强力的物理性去角质产品如磨砂膏，转而使用更温和的化学性产品如水杨酸、果酸。水杨酸是油溶性的，能够深入毛孔帮助清除黑头；而水溶性的果酸则能剥落肌肤表面的老旧细胞，解决肌肤粗糙的问题。

日常护理可以用化妆棉代替双手以轻轻擦拭的方式涂抹化妆水，通过棉片和肌肤的温柔摩擦带走多余角质。酸类产品则仅使用在T区等毛孔粗的大部位，避免不必要的肌肤敏感。

胶原蛋白，让毛孔充满弹力

皮肤的生长、修复和营养都离不开胶原蛋白，有了胶原蛋白肌肤才能变得丰满充盈、细腻光滑，保持弹性与润泽。因此，对付随着年纪增长造成的毛孔问题，最好的方式莫过于补充胶原蛋白等抗衰老产品。什么样的毛孔需要补充胶原蛋白？对着镜子检查一下吧，如果你的毛孔呈现向外扩张或是下垂的趋势，别再等了，胶原蛋白立刻用起来吧！

除了使用促进胶原蛋白增生的保养品之外，内服外用双管齐下才能起到最佳的美肤功效，胶原蛋白饮最好在餐后服用，如果担心忘记，那就将它们放在床头，每天睡前喝一支。另外，市面上还有一种胶原加速片可以选择，配合胶原蛋白饮料一起服用，能帮助胶原蛋白更好地吸收，并促进胶原自生。

睡好美容觉，毛孔天天向上

尽量在晚间11点前入睡，确保能好好睡个美容觉。充足的睡眠能减轻精神焦虑，改善肌肤出油问题。至于烟酒，对肌肤绝对有百害而无一利，尼古丁使皮肤暗黄、失去弹性，酒精则会增加体内胆固醇含量，都直接威胁毛孔健康。因此，就算身体年轻还足够折腾，不为健康着想，也考虑考虑自己的面子问题吧。

维生素B_2和维生素B_6都有很好地调控皮脂分泌的作用，它们在香蕉、土豆、鸡蛋、燕麦等食物中含量丰富，而更简单的补充方法是准备一瓶复合维生素片。

要美感不要敏感

你的肌肤敏感吗？

美容界里有这样一则传言："我们肌肤上出现的任何问题其实都是由过敏引起的。"

请不要立刻就把它归纳到"耸人听闻"的那一行列中。纵然这种说法不能囊括我们所有的肌肤问题的来源，但不能否认的是，肌肤出现的痘痘、瘙痒、红斑等的确都是因为肌肤对所处内外环境不适应而发生的应激反应。

原来这些症状就是敏感！

你觉得自己从来没有敏感过？先来看看你有没有以下情况发生：

1. 换了保养品，肌肤虽然没有起痘、出红疹，但是总觉得别扭、紧绷。

2. 无论在室内外都觉得肌肤干燥，偶尔觉得痒。

3. 在春天，肌肤会出现脱皮现象。

4. 突然到了空气环境恶劣的地方肌肤会觉得痒，偶有刺痛。

5. 吃辛辣的食物会起一两个痘痘

6. 在户外稍稍晒点太阳就会觉得肌肤泛红，越来越干燥。

7. 换用新眼霜后，肌肤看不出什么异常，但是这一天总是眼皮沉重，觉得自己在犯困。

如果以上几条有出现过的话，说明你的肌肤比你更诚实。就算你不是敏感型肌肤，也会偶尔有迈过敏感临界点的时候。

全力出击防敏感

先不说敏感后的对策，我们尽量还是做到未雨绸缪，将敏感发生概率降到最低。巩固曾经的保养成果，令肌肤更强韧才是硬道理。

换护肤品要循序渐进

每到春季，很多人会把冬季的护肤品通通换掉，换上清爽的化妆水、清爽的乳液，以为天气热起来就需要为肌肤减负了，这简直是由棉被换成凉席的效果，一下子失去了强韧的保护谁也不会适应的。在天气渐暖后，冬季的保养品或许稍显油腻，但仍旧能给你相当程度的保护不会出错。如果感觉太过厚重，缓解肌肤压力更换保养品的首要原则是循序渐进，不要全部换成新的。特别是从来没有使用过的品牌或者新产品，要注意其成分，最好是增加一个试用的阶段，以一周为限，若肌肤没有任何不适才可以开始正式使用。

用保湿力夯实防敏力

总是说补水保湿显得有些老生常谈，它对于肌肤好坏的重要性实在是不用再说了。一年四季都使用保湿产品一点不为过。预防敏感无论治标还是治本都要从补水保湿做起。把我们所知道的补水保湿成分都利用起来吧，吸水海绵玻尿酸、蓄水池胶原蛋白、氨基酸、维生素原B_5等等，坚持使用含有这些成分的保湿精华和面膜，油水平衡的同时，更能提高肌肤的耐受性，可以大大增强肌肤面对复杂的环境、多变的温度时的抵抗力！

清洁有度

怕敏感？不化妆、脸上也不涂保养品，只求清洁干净就会不敏感？当然不是，虽然小S同学说人体自身分泌的油脂就是最好的保养品，但是，原本就是脂溢性肌肤或者干性肌肤的人若是这么做只会雪上加霜，我们的肌肤还是需要适当的外力帮忙的，但切忌过度。在敏感易发生的季节，我们可以使用温和去角质的清洁产品，或者有柔肤、再清洁功效的化妆水，令肌肤自身的新陈代谢能力加强，去除老废角质。

加强防晒，敏锐挡阳光

过多接触紫外线会导致皮肤过敏，引起日光性皮炎、荨麻疹、红斑等敏感症状。究其原因，一方面是我们的肌肤因为外部环境变化而脆弱容易光敏感，另外一方面就是我们日常使用的保养品累积了一部分光敏感物质存留在肌肤当中，肌肤在吸收了日晒中的各种中长波紫外线后，就容易出现敏感症状。哪怕你做不到一年四季防晒，从三月开始坚持涂抹防晒产品也是十分有必要的。如果原本就是敏感性肤质，则最好选用物理防晒产品，以免为娇嫩的肌肤增加更多的负担。

内部调节，以静制动

导致敏感的因素实在太多，有如四面八方射来的难防暗箭，因此除了从外部增强肌肤的抵抗力外，身体内部的调节也很重要。许多植物在食用后会增加皮肤对日光的敏感性，比如苋菜、灰菜、香菜、茴香等，一定要避免光敏从口入。刺激性、辛辣食物要尽量少吃。补充维生素是提高肌肤抵抗力的一个方法，维生素A、维生素B、维生素C是肌肤代谢的重要物质，特别是维生素C有抗敏的作用，食用生鲜的蔬菜、水果可以补充。如果工作、生活节奏过快，无法把握日常膳食结构，那么便于携带的维生素小药丸就要成为手袋内的必备品了。另外，像甘菊、薰衣草等有舒缓镇定作用的花草茶也可以作为抗敏饮品，代替咖啡和茶。

后敏感时期不失美感

如果已经有了皮屑、瘙痒、泛红等敏感症状出现，若是不管不顾，你的脸上就好似写着大大的"敏感"二字。如何控制敏感之火的燎原态势？又如何化"敏感"为"美感"呢？在后敏感时期，你还有很多功课要做。

后敏感时期的护肤加减法

● **减法：温和清洁，安全为先**

在敏感症状已经出现的情况下，卸妆油最好停用，可以尝试用成分安全的卸妆水来卸妆。温和卸妆并不意味着清洁力降低，大多数的卸妆油里含有的矿物油如果不能清除干净一样也会累积成疾，改用卸妆水只是为了避免给已经产生的敏感增加负担。洁面产品也以温和为前提来选择。说到这里，我们用来清洁的水也很重要。要抛弃越热清洁力越强的想法，改用温水、冷水交替清洁才是上上之选。如果肌肤是因为日晒而敏感，还有室内外温差变化、食物敏感引起的面部发红、肌肤紧绷、刺痛，最好不要立即用冷水清理，这样不仅没有镇静效果，还会立即刺激血液流动加速的肌肤，应使用温水轻轻拍打令肌肤温度恢复正常后再行镇定。

● **加法：究竟还要不要用保养品？**

这个问题要视你的敏感状态而定。一般的敏感，比如肌肤紧绷、轻微的皮屑、泛红，通过抗敏保养品基本上都可以很快解决，搭配建议是其他程序沿用原来的保养品，不要急于使用新品。如果已经出现了大面积的红斑、面疱或产生了伤口，这个时候就不能只依靠居家护理了，求助皮肤科医生是当下立刻要做的事。在清理好所有的彩妆、防晒产品后，要请医生帮你确定病因，一切谨遵医嘱。如果觉得面部干燥，可以用医美系列的保湿产品或者芦荟胶稍稍涂抹在不适的地方。在后敏感时期，肌肤缺水严重，同时也有许多细小创口，有时候涂抹保养品会有刺痛感，千万不要因为畏惧而放弃所有的护肤程序，干燥会加剧过敏反应，让敏感愈演愈烈。

1. 用芦荟胶代替面霜对抗光敏感，镇定效果一流。

2. 洋甘菊化妆水湿敷可以清热，也能预防日晒、痤疮、干燥等引起的红斑，舒缓敏感压力。

3. 中医常用的甘草、银杏消炎和修护的效果很好，降低敏感刺激的同时还可以有效帮助肌肤抵御其他侵害。

4. 对花粉、柳絮过敏的"桃花脸"，在春季，建议每次外出归来都作全面清洁，不让致敏原停留时间延长。

5. 要是你的敏感是由于换季保养品更替引起的，则更要立刻以大量清水清洗掉。

后敏感时期的彩妆六原则

过敏之后给肌肤最大的休息空间当然有必要，但是实在有需要抛头露脸的场合，彩妆依然可以为我们营造美感。依照以下六原则进行，就不会加重敏感。

原则1：保湿在前

无论你要涂抹什么彩妆产品在脸上，保湿工作一定要做到位，因为彩妆产品即使有保养成分，对于处于敏感时期的你仍是不够的。干燥的肌肤怎样上妆都是无用功。

原则2：避免厚重

过敏后的肌肤压力本身已经很大，所以一定要避免浓妆增添负担。不过现在很多彩妆品也加入保养功能，有的品牌有专门针对敏感肌的产品，在成分上也增加了安全的考量，所以还是可以适度使用的，比较起素面朝天还带着敏感痕迹出现的自卑感来说也是值得的。

原则3：均匀是关键

红血丝、黯沉是敏感期最易出现的肌肤状态，所以让肌肤颜色看起来均匀也是

隐藏痕迹的一个重点，遮瑕膏对于干燥的敏感肌来说仍有厚重感，更换为细腻的遮瑕液更为稳妥。如果有泛红的情况发生，可以选择针对此问题的绿色遮瑕液。

原则4：化缺点为亮点

如果你的泛红位置恰好在两颊，不如加以利用打造出好气色。用隔离打造出均匀的肤色后，在双颊的位置轻轻匀上一点腮红，调整好位置，妆容轻松又自然。

原则5：妆容阵地战

粉底的遮盖力不言而喻，但是作为敏感肌肤，无论多么细腻的粉底液也只会增加肌肤的负担，所以我们并不建议大面积使用粉底产品。如有需要，可以利用粉底涂抹在T区起到制造立体底妆的效果，或者用BB霜代替粉底。此外，我们可以把妆容重点改为眼部，转移众人的视线。

原则6：越界不上妆

如果肌肤已经呈现大片泛苔藓状的红斑、有面疱产生甚至已经有了伤口，那么就千万不要因为爱美而继续上妆了。没有任何彩妆品可以帮助你重建美丽的肌肤，治疗是当下唯一要做的事。

拒绝红血丝

红血丝主要是因为面部毛细血管扩张，或一部分毛细血管位置表浅所引起的面部敏感现象，最容易出现在两颊、鼻子周围，在白皙的皮肤上尤其明显。

红血丝护理要点

红血丝皮肤也属于敏感性肌肤，在日常生活中也比较常见，在平日的护理中有三个步骤是需要严加注意的。

- 洗脸时不能用清洁效果强的产品。

正所谓"病重不能下猛药"，有红血丝的人本来就"皮薄"，越发不能深度清洁，否则会越洗越"红"。

- 不能用浓度较高的护肤品。

精华素对不少人来说是皮肤的良药，但对红血丝肌肤来说，就完全是另外一回事了。因为高浓度的护肤品恰恰意味着高风险、高敏感，绝对不适合红血丝这一类敏感肌肤使用。

- 慎用防晒产品。

因为这类肌肤实在太脆弱了，对防晒品的成分有时也会有过敏反应，所以，出门前要防晒，最好在涂防晒品前先擦上基础护肤保养品，并且在手腕上先试用一下，无不良反应后才能使用。

❤ 美 肤 课 堂

对于红血丝皮肤而言，使用护肤品时不能像其他肌肤一样，通过按摩来加快吸收，因为按摩也会加重肌肤的不适，导致敏感情况更严重。

减轻红血丝的生活习惯

大多数情况下，肌肤上的红血丝都是由于环境刺激引起的，所以日常生活中，有红血丝问题者要避免过冷过热环境的突然转换。如果有风沙，外出时尤其要注意用丝巾、口罩等遮挡，避免被风直吹。

同时，要避免过长时间待在高温环境中；避免强烈的紫外线照射；不抽烟、不喝酒，尽量减少对皮肤的刺激。饮食上，要多吃新鲜水果、蔬菜，少食刺激性强、易引起过敏反应的食物，如海鲜、笋类等。

❤ 美 肤 课 堂

红血丝肌肤护理是一个长期大工程，要想通过某种方式收到立竿见影的效果并不实际。所以护理红血丝肌肤一定要有耐心，要持之以恒。

赶走橘皮纹

美丽死穴——你的"橘皮"有几级？

夏天原本是露出光滑美肤的好时机，但恼人的橘皮纹总是想尽办法出现在身体最凸显性感的部位，一旦被它盯上，玲珑有致的身材也大打折扣。其实，有九成的女性（不骗你，真的有这么庞大的数目）一生中各处的皮肤，或多或少都会出现蜂窝组织，也就是俗称的橘皮组织。它不分老少、胖瘦，只要是疏忽运动和保养，都会使皮下脂肪产生不正常堆积，导致血液循环受阻，从而使皮肤表面呈现凹凸不平的外观，看起来就像是风干的橘子皮一样难看。我们将橘皮纹按轻重程度分了三级，快来看看你的橘皮纹是哪一级吧。

橘皮1级

皮肤外观看起来很光滑，但是只要稍加用力揉捏大腿、臀部等部位，便会看见橘皮状纹路。这说明下半身已经开始出现橘皮组织了，它们正蓄势待发，只要你稍有疏忽，极有可能就被其大举入侵。

橘皮2级

身体平躺时看不出有橘皮纹，不过站立时某些部位却出现难看的凹凸皱褶。此时橘皮组织已经影响身材美观了，得赶紧采取行动才行。

橘皮3级

不论躺下或站立都能清楚地看见橘皮组织。这是最严重的橘皮现象，你可得好好正视问题了。

攻克"橘皮"三大高危地带

不管你是几级橘皮纹，都不要灰心，这些被橘皮纹占领的高危地带看似难以攻克，但只要对症下药，就可以直击靶心。

高危地带1：臀部

主要类型：纤维性橘皮。

主要特征：皮肤表面呈现出像大理石般的白色或灰色花纹。

攻克计划：臀部也要抗衰老。

你是不是只在意维持臀部上翘的曲线，却忽视了它的皮肤状态？其实，它和我们的面部一样重要，弹力纤维蛋白也会因为年龄、内分泌、生活环境等各种内外因素的影响而加速流失，从而引起肌肤松弛下垂等衰老迹象产生。所以，在呵护面子问题的同时不要忘了做好臀部的抗衰老。从现在开始，每天早晚给臀部涂抹有紧致和滋润功效的身体乳液，有助于肌肤保持弹性和润泽，减少弹力纤维蛋白的流失，延缓橘皮纹出现。

涂抹手法：千万不要随意涂抹就了事，这类产品的使用手法可是相当的重要。

1. 先将乳液均匀涂抹在皮肤上，再用手心向上拍打臀部20下加速渗透。

2. 以局部顺时针画圈的方式按摩有橘皮组织的地方。

3. 重复以上拍+按的步骤，坚持5分钟。

高危地带2：大腿

主要类型：水肿性橘皮。

主要特征：皮肤表面出现比正常肌肤略深的浅蜂窝组织，像柠檬表皮般的纹理。

攻克计划：排水加速代谢。

这种橘皮组织的成因大多是水分滞留，通常是因为血液和淋巴循环不畅引起的脂肪细胞间水分积累。最直接的解决方法就是促进新陈代谢，从每天的饮食开始调整，多吃一些对抗水肿的食物，如香蕉、苹果、脱脂鲜奶、低脂奶酪、鱼肉和瘦牛肉，每天至少喝两升水，以便排除体内毒素和废弃物质。

锦上添花法：小工具大用处

如果饮食已经做了相应调整，不妨再配合一个小滚轮用外力加速代谢。建议选择"片状式"的滚轮，它比常见的点状式滚珠的推力更大，更能有效促进循环，加速肌肤水分代谢，并加强后续纤体产品的效用。

高危地带3：腰腹

主要类型：脂肪性橘皮。

主要特征：皮肤表面出现如蜂窝般凹凸不平的脂肪团。

攻克计划：精油按摩淋巴排毒。

一般来说，这是由于脂肪过剩而产生的橘皮纹，尤其是生育后的女性，受到孕期雌性激素的影响，脂肪囤积加速，最容易在腰腹部位产生脂肪性橘皮纹。如果又要工作又要照顾宝宝，时间不充裕，何不把这个难题交给专业的美容师。通过人工精油按摩来进行淋巴排毒、修复皮肤、加速微循环，1个疗程就可以看到明显的效果哦。

精油护理步骤：

1. 先进入热毯内，蒸5分钟，以打开皮肤毛孔。

2. 在身体上涂抹角质平衡液，按摩全身后冲洗干净。

3. 由专业的美容师戴上特制的按摩手套，以揉捏的手法在腰腹部位推抹植物蜂窝组织精油。

4. 再次使用热毯加热，直至身体出汗为止。

5. 擦干身体后，在腰腹处用淋巴排毒手法抹上丰盈紧致瘦身霜。

♥ 美 肤 课 堂

迅速达标有妙招，美黑逆袭橘皮纹

在这个什么都可以逆袭的时代，橘皮纹也可以瞬间被反转，如果你马上要动身去海滩度假，但身上的橘皮纹还在，可怎么穿漂亮的泳衣呢？快准备一支身体美黑霜吧，它既能瞬间帮我们解决橘皮纹的尴尬，让肤色更显健康性感，又不会难以清除，给你的生活造成困扰哦。

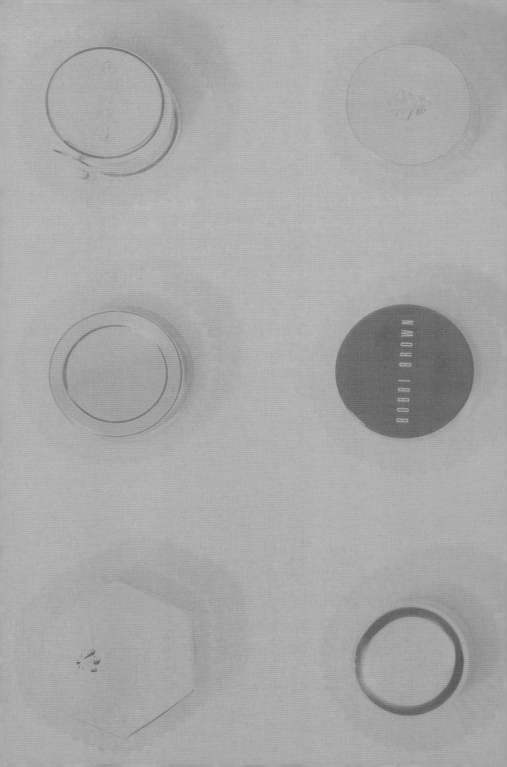

高手篇：
细节精雕

护肤可不仅仅是"面子工程"，真正的美应该是"360度无死角"。一只木桶能装多少水取决于它最短的那块板，我们的护肤工程里同样不能有短板。为此，你需要从头武装到脚。眼睛、颈部、手部、足部……把身体的每一处都照顾好，才能对得起自己在脸上花的心思，才能拥有全方位的美丽。

"电眼"是怎样炼成的

你必须知道的眼部基础护理

众所周知，眼睛是灵魂之窗，每个女人都希望有一双"水汪汪"的大眼睛，所谓明眸善睐是也。但是，当黑眼圈、眼袋、水肿、细纹、干纹等问题一起袭击眼部时，你的眼睛还能炯炯有神吗？你还能自信地宣称自己是美女吗？与其整日为这些问题而烦恼，不如赶紧学几招眼部护肤术。

眼部护理产品知多少

常见的眼部护理产品有眼部精华素、眼膜、眼霜等。和面部的护理差不多，眼部精华素是作用于眼部的营养精华，使用手法和眼霜差不多。眼膜则是专门敷在眼睛上的"面膜"，具有迅速补水、密集式加强营养、快速舒缓眼部疲劳的功能。

一般而言，眼膜应该每周做两次，与眼霜相配合，才能达到最佳的护眼效果。

眼霜作为最常见、使用频率最高的眼部护肤品，一般分两种：一种质地较为浓稠，滋润效果较好；另一种质地清爽不油腻，也叫作眼胶。两者都有滋润眼周肌肤，改善皱纹、细纹、减轻黑眼圈、眼袋的作用。以功能来分，眼霜又可分为保湿、美白、抗皱、抗氧化、抗过敏等多种。购买时一定要针对不同的年龄、不同的眼部问题来选择。

眼霜该怎么抹？

为什么有的美女每天坚持抹眼霜，可眼周的皮肤状况依然没什么改善，甚至还冒出一颗颗脂肪粒呢？这都是不正确的涂抹方式所引起的。正确的涂抹方法是这样的：

1. 在早晚洁肤后，用无名指取绿豆大小的眼霜，将两个无名指的指腹相互揉搓，给眼霜加温，使之更容易被肌肤吸收。

2. 以弹钢琴的方式，均匀地轻轻将眼霜拍打在眼周肌肤上。着重在下眼窝和眼尾至太阳穴的延伸部位多加涂抹。

3. 从眼部下方，向眼尾轻轻按压。然后从眼部上方，由内向外轻轻按压。

4. 用中指指腹沿着眼眶，由内向外轻轻按压并进行提拉，此动作重复4~5次，且方向不可颠倒。

5. 用无名指指尖，轻轻按压鼻翼两旁，促进眼部肌肤的血液循环。

问：什么年龄开始用眼霜最好？是25岁吗？

答：使用眼霜越早越好。对于大多数女性来说，由于长期与电脑相伴，且经常使用暖气、空调等，这些都易使眼部肌肉疲劳不堪。也许在25岁之前，皱纹就早早来和你"见面"了。并且，眼霜的作用是减缓眼部肌肤老化，并不能去除皱纹，等有了皱纹再开始使用眼霜无异于"亡羊补牢"。所以，用眼霜的最佳时机是在皱纹、眼袋和黑眼圈都还没有产生的时候。

问：眼霜是不是只需要在晚上使用？

答：眼霜的用法和面霜一样，应该早晚都用，但要在抹完爽肤水之后用，涂抹眼霜后再用面霜或乳液，且面霜或乳液不可覆盖眼霜。

时刻警惕眼部衰老

毋庸置疑，眼睛是泄露女人年龄和皮肤衰老指数的最明显标志。年轻小美女的双眼必定是顾盼生辉、明眸善睐；相反，无神、眼袋、黑眼圈、鱼尾纹等名词多半是用来形容逐渐衰老的眼部。谁会想当后者呢？

要知道，眼睛周围的皮肤的厚度只有脸上和其他部位的皮肤厚度的1/10。眼睛每天要眨动12000~15000次，眼肌过度运动容易使眼周皮肤提早衰老。除此之外，生活环境也决定了脆弱、敏感的眼睛更容易老化。

• 经常处于干燥环境中：干燥的秋冬季节、日晒和大风天气、暖气和空调器的长时间使用都会造成肌肤缺水现象，娇嫩的眼部皮肤首当其冲，很容易出现干纹。

• 长时间使用电脑或伏案工作：在我们接收的信息中80%是通过眼睛获得的，长时间阅读、电脑屏幕的闪烁，使眼部肌肉极度疲劳，导致眼周皮肤皱纹过早出现。

面对眼部的衰老症状，单靠眼霜自然不够，所以建议大家白天使用质地清爽的眼胶，能舒缓眼部肌肤疲劳。此外，还要坚持做眼膜，这样才能帮助减轻眼部细纹。

自制眼膜

遇到黑眼圈、眼袋、细纹这些眼部问题，除了尝试各种眼部护肤品，经常接受美容院的护理，还有什么私家方法能搞定它呢？这里介绍五款实用自制眼膜，能帮你迅速消灭恼人的眼袋、黑眼圈问题，还你一双电眼。

银耳眼膜

材料：银耳1小块，水适量。

制作步骤：将银耳洗净，加水煮成汤汁，放入冰箱冷藏保存。

使用方法：每次取3~4滴涂于眼周肌肤，10~15分钟后待其基本吸收，再用清水洗净残余汁液。

美丽解密：银耳中含蛋白质、糖类、无机盐、B族维生素、脂肪、粗纤维等成分，具有清肺热、益脾胃、润肌肤的功效。用银耳汁水来敷眼睛，能使眼周肌肤平滑有光泽。此款眼膜可以每天做一次。

牛奶眼膜

材料：脱脂奶粉1汤匙，温水适量。

制作步骤：将奶粉用温水冲开，置于冰箱内冷藏2小时左右。

使用方法：取一勺冰镇牛奶，用化妆棉蘸取适量后轻轻抓干，平铺于眼部，10分钟后取下，再用清水洗净残余汁液即可。

美丽解密：牛奶有很好的美白效果，用化妆棉敷在眼周，不仅有很好的补水作用，长期坚持，还能使眼周皮肤恢复自然白皙。建议早晚各做一次。

黄瓜眼膜

材料：黄瓜1根，酸奶1杯，绿茶袋2个。

制作步骤：

1.将黄瓜切碎后和酸奶混合搅拌。

2.将混合好的黄瓜泥放入绿茶袋中，放入冰箱冷冻5分钟。

使用方法：取出冰袋放在眼睛上部，敷10分钟左右。

美丽解密：黄瓜里含有多种氨基酸，维生素C的含量也很高。长期敷用，不仅能缓解眼部疲劳，还能淡化黑眼圈和眼周斑点。此款眼膜可以一周使用2次。

苹果土豆精华眼膜

材料：土豆半个，苹果1个。

制作步骤：将土豆、苹果洗净去皮，放入搅拌机打成糊状。

使用方法：将眼膜均匀地敷在眼睛周围，15分钟后洗掉。

美丽解密：土豆含有蛋白质、脂肪、糖类及B族维生素等，具有良好的美白润肤作用。苹果含有丰富的维生素、矿物质、纤维素和天然糖分，可以收紧皮肤，淡化黑眼圈。此款眼膜可以每两天做一次。

丝瓜眼膜

材料：嫩丝瓜1根。

制作步骤：丝瓜洗净去皮，捣成泥状。

使用方法：将丝瓜泥均匀地抹在眼睛周围，15分钟后用清水洗干净。

美丽解密：丝瓜中含有糖类、植物黏液、维生素和矿物质等成分，能促进肌肤新陈代谢，有效补水祛皱，同时还能减少眼部皮肤的过敏反应。此款眼膜可以一周使用2次。

黑眼圈，15分钟应急击退

女人都知道，每天都要好好地睡个美容觉，皮肤才会光彩照人，眼睛才会闪亮有神。可是，偶尔地加班、熬夜又不可避免，总会让美容觉泡了汤。对镜自照，就发现眼周弥漫了一层黑色，原来这就是传说中的"熊猫眼"、"黑眼圈"。

黑眼圈分两种。一种是血管型黑眼圈，呈青色，是由微血管的静脉血液滞留造成的，通常发生在年轻女孩的脸上，与生活作息不正常有很大关系。还有一种是色素型黑眼圈，呈茶色。这类黑眼圈一般会出现在中年人身上，是由长期日晒造成眼部色素沉淀而形成的。

熊猫虽然珍贵，熊猫眼却让人烦恼。要彻底消灭黑眼圈，充足地睡眠休息自然是最佳办法。不过，要是碰到某些非常重要的场合，比如有重大约会，或者需要面对镜头时，怎么办才好呢？不如学学下面的应急术，让你在15分钟内就与黑眼圈说再见！

冷热交替敷眼

准备两只液体眼罩，其中一只用微波炉加热半分钟，热敷双眼5分钟。与此同时将另一只眼罩放进冰箱里冷却，热敷后取出冰箱里的冷眼罩冷敷双眼5分钟。这样冷热交替，能加速眼部血液流通，缓解黑眼圈。

茶叶包敷眼

把泡过的茶叶包滤干后放入冰箱中。洁面后，取出茶包敷在眼部。记住，茶包一定要滤干，否则茶叶的颜色反而会让黑眼圈更加明显。

土豆片敷眼

可别小看了家常食物土豆，它也是一种很好的眼部护肤品。把土豆洗净后切成薄片，敷在黑眼圈明显的地方，约15分钟后取下，即能看见黑色变得不那么明显。

拒绝浮肿，按摩有术

如果双眼长期处于浮肿状态，很容易演变成永久性的眼袋。眼袋可是女人最讨厌的东西，它一旦形成，不仅会"不离不弃"，还有"得寸进尺"的趋势，严重影响美观。所以，在坚持使用眼部护肤品的同时，可以试试下面的眼部按摩法，去除眼袋的效果更好。

- "S"形按摩上眼睑。将棉棒头水平贴于上眼睑的肌肤上，沿眼睑沟，从内侧开始沿"S"形路线，稍用力拉抹至太阳穴，将上眼睑的多余水分排开。
- 轻柔按压眼袋。棉签头向上，从内眼角沿睫毛根向外侧边按压边拉抹，力度要轻柔均匀，一气呵成地拉抹到太阳穴。
- 按摩巩固消肿效果。用中指、无名指分别从上眼睑内侧、下眼睑内侧，一起向后拉抹，到外眼角处并拢，经太阳穴拉抹至脸颊。

日常小习惯为眼睛减压

眼周肌肤柔弱纤薄，其厚度大约只有面部肌肤的三分之一，而且眼睛周围的汗腺和皮脂腺分布较少，在天然屏障方面就先天不足，极易干燥缺水；同时眼部每天承载着超过1万次眨眼运动的负荷，这些先天性因素决定了眼周肌肤是最容易老化并产生问题的部位，而各种糟糕的生活方式，熬夜加班、饮食不规律、电子辐射等等更是令眼部松弛问题雪上加霜。至此，浮肿、干燥、细纹、松弛等一系列问题就随之而来。要保护娇弱的眼部，就要从日常下手，养成好习惯。

熬夜族

无论是喝着咖啡挑灯夜读，还是端着高脚杯穿梭在旖旎的夜色中。任何理由的熬夜族，都逃不过眼袋、黑眼圈的汹涌来袭。想要醒来时了无熬夜痕迹？这么做，或许有戏：

- **再晚也要温水敷眼**

用温水浸湿的棉片敷眼，通过加速血液循环，可以让原本靠生物钟可以自动排出的毒素正常排出，减少血滞不畅导致的黑眼圈。

- **一支眼霜怎么够**

每天熬过12点，已没有美容觉可言。既然对自己够"狠"，那么保养代价也要更狠才行，一瓶全能打底眼霜或眼部专业导入液再加一瓶补水锁水眼霜，可以保证补足养分。

- **晨起物理消眼袋**

通常熬夜族早上醒来时眼袋问题会格外明显，这时应该选择有金属棒或金属按摩头的眼部护理产品，同时选择成分富有活力的清新型眼霜，可起到镇静舒缓的作用。要避免选择偏油配方的眼霜。

牛饮族

晚上你到底喝了多少水，从第二天你的眼周情况就能看出来。要是只知道"每天八杯水，保持肌肤水嫩年轻"，却不懂得分时饮水，必然会成为牛饮族浮肿眼。虽没必要分解到小口啜饮，但每杯水至少要花15分钟饮完才不会给身体代谢带来负担。

第一杯：早晨起床空腹时。要喝温水，可略加蜂蜜或少量食盐。

第二杯：开始工作前。让身体机能保持水分充足的同时补充上班路上的消耗。

第三杯：工作到午饭之间。可以是咖啡，也可以是茶水，用来提神。

第四杯：午饭前后。饭前喝汤或饭后饮水。

第五第六杯：下午工作开始到下班的间隙。缓解在室内皮肤的水分流失。可以是清淡的茶水或酸奶类的饮品。

第七杯：下班回家到晚餐前。这个时候可以配合卸妆，给自己来个全身心的放松。

第八杯：睡前半小时。这杯水有利于身体血液黏度的均衡，不仅不会让第二天眼部浮肿，还会让睡眠更安心。这杯水也可以用温牛奶加蜂蜜代替。

电脑族

白领们一整天的工作几乎除了开会就是对着电脑，晚上回家继续捧着iPad追美剧。如此算来，除了睡觉时间，你的眼睛至少有二分之一的时间是被电脑占据的！

- 对策1：注重补水+眼部隔离

长时间面对电脑或电子产品的辐射，对眼部造成的最大问题还是干燥，于是干纹、松弛问题就接踵而至。定时补涂轻薄的隔离眼霜外加做足眼部补水工作，会大幅度缓解电脑对眼周的伤害。

- 对策2：眼保健操+眼球运动

一动不动坐了一上午。工作太忙，忘记了？那就请把手机拿出来定好闹钟，一小时提醒一次。去一次卫生间，倒一次水，做一节眼保健操，哪怕仅仅是站起来到窗边用两分钟眺望一下远方也好。如果你真的紧张你的美眸，没有挤不出的时间，只有不够重视的托词。

办公族的眼部拯救计划

眼睛如果无精打采，整个人都会显得苍老。的确，办公族们总是长时间对着电脑和手机屏幕，眼内红血丝和眼周浮肿、黑眼圈、过度紧张养出的脂肪粒……各种问题层出不穷，一定要防范眼周问题了。掌握以下这些小技巧，能快速解决办公族的疲惫痕迹。

黑眼圈——找准穴位

长黑眼圈的人，普遍眼周血液循环不佳，穴位按摩有助于促进血液循环。在眼周涂上眼部按摩霜或眼霜，用无名指按压瞳子髎、球后、四白、睛明、鱼腰、迎香等穴位，每个穴位按压3~5秒后放松，连续做10次。再用食指、中指、无名指指尖轻弹眼周，做3~5圈。然后温和热敷上眼皮2~3次，注意水温不可太热。最后涂上能有效淡化黑眼圈的产品吧。

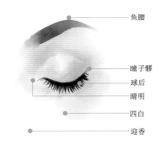

鱼腰

瞳子髎
球后
睛明
四白
迎香

红血丝——温柔用眼

眼睛过度疲劳或感染，使眼睛巩膜过度充血，眼白中的红血丝也会变粗，如果置之不理，眼白中的毛细血管还会破裂，造成出血。这种情况应当使用冷藏过的人工泪液，滋润眼睛，减少干涩感；也可使用 3~5℃的冷毛巾敷眼部（敷时要闭眼），可收缩血管，让红血丝变淡。提醒你，要养成用眼霜的好习惯，把眼霜带在身边偶尔拿出来用一下，还能让眼睛适时地得到休息。还要注意不应连续长时间地用眼，不要狠揉眼睛或过于激烈地拉扯眼部皮肤。同时避免不良表情，如使劲眯眼看东西等等。

浮肿——妙招来帮忙

枕头太低、没睡好、睡前喝太多水都会引起上眼皮浮肿的现象，睡前最好不要喝太多水。一旦出现浮肿，可用甘菊茶包冷敷双眼，或将冷藏的小黄瓜切片敷在眼皮上休息十分钟，浮肿就可以得到改善。平时还可以使用带按摩功效的眼部产品，缓解浮肿与养护眼周肌肤，一举两得。

脂肪粒——避免误区

出现脂肪粒的你，除了日常注意清洁外，还要认清一个误区。很多人会以为"保养品涂得越多越好"，其实，如果保养品不能直达肌肤深层，不但没有效果，反而会妨碍肌肤正常呼吸，引发脂肪粒，结果事与愿违。想让眼部保养品更好地渗透，除了通过有效的按摩帮助吸收，还可以选择眼膜，也能达到事半功倍的效果。如果脂肪粒比较严重，一定要找医生帮忙。

眼纹分区大不同

严格说来，眼周皱纹要分为四个区域：上眼睑纹、下眼头纹、下眼尾纹、鱼尾纹。

最容易被遗漏的上眼睑纹

在涂抹眼霜时，上眼睑是相当容易被人忽略的部位。上眼睑同样有长出细纹的可能。它往往会跟松弛相伴随，不加以保护的后果往往是多层眼皮的产生，最严重的情形是上眼睑塌陷松弛到完全盖住眼根的程度，这时眼尾看起来便开始下垂，呈现八字眼的态势。

它需要的：促进胶原蛋白增生以恢复肌肤表面弹力的眼霜。

很早出现但也较容易拯救的下眼头纹

从下眼头开始呈伞状展开的纹路通常是缺水型假性干纹，你所认知的第一道眼部细纹往往就来自这里。虽然可以安慰自己说这只是假性干纹，补足水就几乎消失不见，但如果怠慢几天它立刻就会出来给你颜色看，上妆后则会显得更加严重。而且请牢记，一张白纸，同一个位置被多次折叠后，这条痕迹便从无变有了。下眼头的干纹也是一样的命运，即使只是做简单的保湿也决不能懈怠。

它需要的：滋润度高、锁水力强的乳霜状眼霜。

操劳过度而垮下来的下眼尾纹

这个区域的眼纹往往不那么具有方向感，生长起来较为放任。当你第一次察觉它的存在时，会误以为是普通的干纹，但常常下午照镜子时就发现它比早晨又深了不少。如果仔细看会发现这个区域的肌肤不那么紧致，这是因为支撑肌肤的胶原蛋白每天都会消耗与再生，而太过疲劳会让再生的速度赶不上消耗的速度，于是缺乏紧实度的肌肤在眯眼的作用力下很容易便生成了不规则的细纹。

它需要的：旨在"增厚"眼周肌肤、补充真皮层胶原蛋白的抗老眼霜。

最具有年龄感的鱼尾纹

鱼尾纹的产生基本上可以算是你眼部肌肤的"里程碑"，它生成的原因包括皮下脂肪减少、肌肉弹性缺失、表情的过度放纵等等，不一而足。而且在真正见到自己的第一条鱼尾纹之前，大多数人往往不会记得从眼尾往太阳穴延伸的部位也需要涂抹眼霜和按摩。所以在鱼尾纹出现之前，这个部位的护理就得尽早启动了。有个小秘诀是给此处的眼霜加量，因为这个部位产生脂肪粒的概率要远小于上下眼睑。

它需要的：具有类肉毒效果的胜肽眼霜，或是拥有最新定型膜科技的眼霜。

抚平眼纹三步搞定

你的第一道皱纹来自哪里？是的，眼部！在这整脸最脆弱的部位，每一道细小沟壑的增加都会让你的叹息和尖叫成倍增加。下面将详解眼纹的来龙去脉，教你对症下药抚平眼纹。

请先对着镜子，做出"眯眼"的动作，没错！那些暂时出现的纹路，今后都会逐渐深刻在你的脸上。而这只是一个开始，一些你早已习以为常、觉得无伤大雅的小习惯正是造就眼纹的罪魁祸首。

改正上妆卸妆时的坏习惯

没有什么动作比拉扯、摩擦更伤害肌肤了。要是上妆、卸妆不当心，简直是每天都在"置眼周肌肤于死地"。

- ### 上妆：手指轻轻点，遮瑕不留痕

在给眼部上粉底时，要以轻点的方式，利用指腹的余温将粉底融进眼周肌肤。如果眼周较为干燥不吃妆，千万不要硬生生堆叠上更多粉底，可以利用小块三角海绵，用保湿化妆水浸湿，然后拧干，再蘸取粉底上妆。

重点1：挑选质感细致轻柔的三角海绵，才能保证在上妆时不对眼部造成任何负担。而三角海绵的尖头造型也让你对于力道的控制可以更为得心应手。

重点2：上妆的方向是从眼头到眼尾，顺着眼周的纹理进行，这样可以帮助你更好地"熨平"眼周。

- ### 卸妆：润湿棉片，先按再轻推

卸妆常常会成为眼周肌肤最悲剧的时刻，再好的眼部保养都会被粗糙的卸妆动作毁到公元前。我们要用材质柔软的卸妆棉，适当湿润后，在眼部轻压30秒，然后再由上往下轻轻擦拭，眼角和内眼线部分用棉花棒卸除，才能减少拉扯的动作。

重点1：一罐温和且好卸的眼部卸妆水能让你的卸妆过程简化许多，通常双层眼部卸妆液的清洁力都不错，使用前一定记得要摇匀。

重点2：除非要去泳池派对或者水汽很足的环境，日常尽量不要使用防水睫毛膏。卸防水睫毛膏需要耗费的平均时间是普通睫毛膏的3倍，这意味着眼周被摧残的概率极大上升。这几年各大品牌都推出了温水可卸的睫毛膏，这也算是敏感眼周的恩物了。

- **止痒：用按压代替拉扯**

眼睛痒的时候，请务必克制揉眼睛的冲动，也别用指甲的甲缘挠，你可以想象一下镶嵌了施华洛世奇水钻的光疗甲能达到的伤害值可以有多高。请改以指关节轻转按摩，或者用热毛巾，利用蒸汽舒缓眼部，就能降低发痒的不适感。

防晒补水消灭皱纹于无形

就算你小心翼翼不碰眼睛，无形的眼周杀手依然埋伏在后，比如眼睛疲劳时不自觉的眯眼动作也会让眼部纹路逐渐固定；而在干燥的环境中不能及时为眼周补足水分的话，缺水干纹也会嗖嗖冒出；另外，光老化其实比拉扯更可怕，紫外线很擅长在娇弱眼部留下长久刻痕。

- **防晒：眼周最怕光老化**

虽然市面上目前专门用于眼部的防晒产品不算多，但是各大品牌几乎都有推出，还是颇有挑选余地的。如果懒得给眼部专门配防晒，你可以让眼周和面部分享SPF25以下、敏感肌肤专用的药妆品牌防晒乳。上防晒时也一定要用轻点的方式涂抹，避免拉扯。

重点1：如果你觉得对于各品牌的眼部专用防晒产品没什么印象，请移步它们的美白线。这条线推出的美白眼霜通常都是有防晒值的，而且都会在SPF20、PA++以上。

重点2：太阳镜是眼部防晒的利器。给镜片添加抗紫外线功能是非常简单的技术，只要是正牌厂商出品，标注有UV400之类的参数，它就能帮你的眼周遮阳蔽日。黑色、茶色的镜片通常会拥有更好的过滤光线能力。

- **保湿：保水力养出不易皱的眼周**

25岁之前的肌肤再生能力都比较好，这时候皮肤出现的一些细小纹路其实都是

缺水造成的假性皱纹，大多通过好好保湿就可以抚平，还可以通过提升肌肤的保水力来延缓第一道真性皱纹的产生。而如果不及时补充水分的话，久而久之假性皱纹就会成为真正的皱纹。再加上缺水的肌肤不容易吸收护肤品中的营养成分，进而引起恶性循环。

重点 1 ：对于眼周肌肤缺水而言，蒸汽浴是相当有效的办法。它可以柔软肌肤，帮助肌肤恢复到水嫩状态；可以再配合湿敷和涂抹眼霜来巩固保湿效果。特别提示大家，在涂眼霜时微"撑"开细纹再涂抹最有效。

重点2：给眼周保湿不能只补"水"，油分也要平衡，眼部才有保水力。如果使用习惯上偏好清爽型眼霜的话，建议在白天使用眼胶补水，晚上则要用丰润的眼霜补足油分。

把眼纹吃回去

如果你总是不得不熬夜，眯眼的习惯不自觉重复，眼霜已经用到最润却还是留不住水分，别担心，食补同样也是解决眼纹的好办法。

• 增强眼睛抵抗力

深海鱼类富含能修补视网膜细胞、神经细胞的DHA（二十二碳六烯酸），可以改善用眼过度导致的视疲劳，眯眼的频率自然会降低。如果平时的食谱中不方便加入深海鱼类，你也可以用鱼油来代替。而叶黄素、花青素（OPC）则有相当好的护眼效果，可以促进眼部血液微循环、维持正常眼压，每日都要对着电脑奋斗的办公室女性最好能经常补充，而富含花青素的蓝莓便是最好的美眼美食。

• 让肌肤从里润出来

肌肤自身留不住水分时，脸上最薄的眼周肌肤的反应自然最为明显，干纹会层出不穷难以应付。而同时摄取维生素A和维生素E，则能很好地维持肌肤黏膜层的完整性，防止肌肤干燥与粗糙。我们可以通过在餐桌上增加胡萝卜来达到补充维生素A的诉求，胡萝卜所含的β-胡萝卜素进入人体后，会转化成维生素A。每一个β-胡萝卜素分子可以转化成2个维生素A分子，而且β-胡萝卜素本身对于眼睛的健康也很有裨益。

♥ **美肤课堂**

不能依赖脸部肤质挑选眼霜

眼周肌肤常会因为"疏于保养"、"熬夜"或用眼过度等原因而比脸部的肌肤更为脆弱干燥，这也是为什么第一道纹路总会出现在眼周的原因。基本上熟龄女的眼周大多偏干，选眼霜的第一条要求是滋润度一定要够，然后再依据需求挑选。

抗皱眼膜什么时候用？

眼膜不像面膜那么主流，有使用眼膜习惯的人要远小于用面膜的人。但是在面临重大时刻时，眼膜的拯救作用相当明显，能速效化解眼纹危机。眼膜的出场顺序最好在化妆水、精华液之后，乳霜之前。现今市面上较为有效的抗皱眼膜通常都使用了纯维生素A，较适合晚间使用。如果想晨间使用，敷完眼膜后一定要涂上防晒产品。

大眼睛保养方案

虽说都是眼部肌肤，不同的"光圈"型号其松弛方式也各不相同。拥有一双有明星般华丽气场的大眼是绝大多数女性的追求，但事事都有它两面性，大眼由于"光圈大"，夜间更容易"蓄水"，翌日起床时水肿会更明显；同时更容易出现大眼袋问题，继而压迫到下眼睑毛细血管，导致血流不畅引起的黑眼圈。

护肤方案：大眼大用量，眼霜不能省

大眼睛的美女自然眼霜要涂够量，用初中几何知识你就能算出你的眼周比小眼美女的面积大多少。如果用量过少，眼霜无法发挥应有的作用，效果也会大大减弱，简直就是用了也等于白用。尤其是眼部急需改善松弛问题的，最好先用一层眼部精华打底，待精华完全吸收后，再叠加一层专业级抗老眼霜。另外，除了松弛以外的多重问题，最好早晚分开保养：夜晚，集中对付眼袋黑眼圈；清晨，使用提拉紧致的产品并注重保湿防护。

按摩方案：眼周范围大，按摩要分区

下眼睑最容易产生干纹，不及时加倍保养干纹就逐渐变成了细纹、皱纹。因此有些人会觉得眼霜只要重点涂抹在下眼睑就好，上眼皮就马虎带过，殊不知上眼周肌肤更需要注重紧致提拉的保养手法，而且要使用质地轻盈的眼霜，不能给上眼睑肌肤造成负担。按摩时，同侧手指向上提拉，另一侧手指则轻轻按住颧骨处，这样平衡向上拉的手指不会拉扯过度。

按摩动作粗糙快速也是大眼美女十分忌讳的，正确的方法是耐心并反复多次点按眼周轮廓，待眼部产品吸收后，用无名指和中指的指肚由内向外由上往下轻柔画圈，不要过度滑动摩擦。上眼睑松弛特别严重的，可将双指放在眉骨下，轻按上眼睑并把眼皮往上提拉，保持数秒，每天早晚重复做。

微整形方案：卧蚕眼袋傻傻分不清楚

　　卧蚕是紧贴着下睫毛边缘的条状隆起，笑起来会特别明显，显得眼睛更大、更立体。而眼袋的面积要比卧蚕大许多，是从下眼眶开始往下呈三角形的区域，表现为脂肪堆积、臃肿、松弛下垂。眼袋算得上是大眼睛的头号烦恼，因为绝大多数的大眼都会随着年龄增长出现眼袋问题。

　　目前，非手术去眼袋技术已经很普遍，最主要的方法是溶脂去眼袋。优秀的设备和专业的医生会特别注重溶脂均匀、皮肤紧致、安全精准，去除后两边眼睑肌肤平整、对称，不能有超过0.5mm的误差。

小眼睛保养方案

相比大眼睛，"光圈"较小的眼睛则较不容易长皱纹，皮肤松弛趋势也比大眼睛来得缓慢。但绝不可以因此掉以轻心，小眼睛易浮肿、脂肪堆积多，如果经常熬夜，用眼过度，本来就小的眼睛，再被浮肿挤占掉一圈，让人情何以堪？

护肤方案：赶走水肿，让眼周重现活力

一双紧绷有轮廓的小眼，好过一双耷拉无神的大眼百倍。因此，皱纹对于单眼皮小眼睛来说，并不是最急着对付的问题。什么才是需要担心的呢？浮肿，恐怕是小眼族的头号大敌。皱纹可以通过护肤填充，黑眼圈可以用彩妆遮盖，可是浮肿却不那么容易临时抱佛脚。首先选择使用促进眼周循环的眼部产品，比如含有芦荟、薰衣草、海藻、玫瑰果、白菊等植物成分的眼霜，能有效改善浮肿现象。

按摩方案：按摩够给力，浮肿变浮云

早上起床第一件事，就是给双眼来次唤醒式的按摩。双手手指搓至微微发热，闭上眼睛，用拇指以外的四个手指按住眼睛，然后以波浪式的动作揉按眼球。稍施力直到眼球感到一点点酸胀，放开后不要马上睁眼，眼球转动几圈。随后双手食指和中指，继续以波浪式的动作揉按太阳穴，直至感到微微酸胀。此时切记大脑要放松，才能起到排毒和消肿作用。两套动作完成以后，再慢慢睁开双眼。这套按摩对于快速消除低质量睡眠引起的起床气也颇有帮助。日间做这套动作，也可有效消除眼部疲劳。

微整形方案：放大的是自信，更新的是年龄

基于整形业的发展，压双眼皮、开蒙古褶，已经被看作是微整形范畴，被越来越多的人所接受。现在的双眼皮手术风险小，几乎没有疤痕。开蒙古褶也就是开内眼角了，这个对于内双特别不明显的人来说，算得上是一大福音了。不但能改善假性上眼睑下垂现象，还能把眼部轮廓放大一圈，美丽等级立即飙升几级。上眼皮抽脂技术，也是同时解决浮肿和放大双眼的秘密武器。

美唇无死角

干燥&唇纹大拯救

性感的红唇是女人"吸睛"的法宝，但是除了抹唇膏外，我们还做过什么呢？要知道娇嫩的嘴唇其实比眼睛更为脆弱，外来的刺激、污染、紫外线、过热或过冷的天气，甚至长时间的口渴，都会让它招架不住。因此，拯救红唇也是美丽变身的计划之一。

如同每天都要擦面部保养品一样，唇部也需要护肤品的保养。一天抹一次护唇膏是不够的，因为它会随时间的流逝、喝水、饮食而脱落。在你的包里，应随时装一支护唇膏，感觉嘴唇涩涩时，立即补擦。此外，唇部和眼部的护理工作应尽量做到一视同仁，一星期最好做一次唇膜，而日常用的眼膜也可以用作唇膜的材料。

饮食习惯对唇部保养也有很大影响，烟、酒、刺激性食物是导致唇部老化的主要原因。平时应注意多喝水，食用含有丰富维生素的蔬菜和水果，还可适量服用维生素A、维生素B、维生素C片，这些都能避免唇部变干、唇纹加剧，帮你恢复红嫩欲滴的好唇色。

到了秋冬季节，不少女士会发现双唇涩涩的，并且嘴角还有死皮，严重的甚至干裂出血……这都是因为唇部护理工作做得不够。针对这种情况，可以在每天睡前涂一层厚厚的润唇膏。如果嘴角有脱皮，可先涂上一层凡士林，再用软毛的刷子轻轻地将死皮刷去。因为死皮过多，会影响唇部对润唇膏的吸收。切忌舔唇，这样只会带来短暂的湿润，当唇部水分蒸发时会带走更多的水分，致使唇黏膜发皱，干燥得更厉害。

不仅脸上会有皱纹，唇部也会有纹路——唇纹。大部分唇纹是天生，但是如果后天不注意保养，就会使唇纹越来越严重。要改善唇纹明显的现象，唇部按摩和脸部按摩一样重要。

美唇按摩术

第1步：用润唇膏或者凡士林涂满整个唇部。

第2步：张开嘴巴，用左手压住左边嘴角，然后右手在右边嘴角画半圆。左边照样，上下唇各做3次。

第3步：用双手食指和拇指夹住嘴唇，轻轻刺激唇部，让血液循环加速，嘴唇更显红润。

第4步：用双手中指轻轻敲打唇部，让刚才涂抹的凡士林等充分浸透唇部，从而起到保湿的作用。

告别暗沉唇色

对美唇来说，方寸之间，细节决定性感度。暗沉的唇色会让性感度大打折扣，想要从根本上解决唇色暗沉的问题，拥有粉嫩花瓣唇，要在三个方面加强保养：

①彻底卸妆是改善唇色的第一步。如果为了改善唇色而使用唇部彩妆，却忽略了卸妆，尤其是嘴角和唇部边缘，更容易使色素沉淀，形成恶性循环。

②对于已经形成的暗沉，有专业美唇产品可以帮忙，其原理类似于美白，可以加快皮肤新陈代谢，排除色素。

③唇色也是健康状况和气色的反应，苍白无华的唇色，需要配合内调才能得到改善。黑糖、红枣、枸杞、桂圆，都是美味又能补血补气的佳品，坚持食补，很快就能让美好红润的唇色从内而外透出来。

不整形的丰唇术

虽然亚洲男性不爱夸张厚唇，但嘴唇太薄，性感度也会打折。其实，不需微整形，下面的速成丰唇术就能助你随时在丰唇和薄唇之间切换，约会无往不利。

- 有一类神奇的瞬间丰唇产品，使用后能让唇部丰满一号，使用中会有一点麻麻辣辣的感觉，让你感觉到嘴唇在变丰厚。

- 就算不在尺寸上做任何手脚，视觉丰唇一样能让性感度升级。晶亮唇蜜要用得有心机，上唇唇尖下方和下唇中线两侧，是营造3D高光效果的关键点，用光泽感唇妆打亮，可以轻松骗过最苛刻的目光，即刻呈现丰满嘴唇。

嘴唇之外的美唇术

嘴唇对于整体美貌，绝不仅仅是各扫自家门前雪的关系，甚至可称为牵一发而动全身。为了让嘴唇更完美，还有哪些值得注意的事情呢？

- 表情和唇形

微微翘起仿佛带着微笑的唇形最受欢迎的。不管天生唇形如何，常常保持微笑，是心情和表情扮靓的法宝。

- 唇部周围的肌肤抗衰

法令纹是导致唇角下垂、唇形松弛的罪魁祸首。想要让唇形持久完美，还需时刻注意周边肌肤的抗衰保养，一支提拉紧致的面部精华，在造福面部轮廓的同时也能造福嘴唇。

- 唇齿相依

牙齿的形状对嘴唇外观有决定性影响。虽然正畸过程不短，但对因牙齿造成的嘴唇突出或凹陷来说，是必要的美容手段。想轻松配合各种唇色，让笑容更自信，牙齿的美白也很重要，使用牙齿美白产品，是个不错的主意。

给双手最好的呵护

解读手部微表情

对于画者来说，一个人的肖像，最难传达神采的是眼睛，最难描绘形状的，是双手。手的骨骼复杂，动作千变万化，而除了动作和形状之外，更有决定外观的种种手部微表情，需要被一一解读、精心呵护。

干燥

当天气寒冷、干燥的时候，手部最常见的微表情是干燥。尤其手部肌肤的天然油脂分泌不足，又有许多天然的褶皱起伏，干燥起来如同不悦皱眉。如果气候条件过于恶劣，或被进一步忽视，还可能有疼痛和皴裂等问题出现。

磨损

手是造物主赋予人类的最好工具，然而如果使用不当，磨损将是双手的微表情。未加保护的劳动会让双手蒙上厚厚的角质，失去柔软性。而如果对时间带来的磨损不加抵抗，不可逆的皱纹和斑点也会悄悄爬上双手，泄露年龄的秘密。

健康

手指甲和指甲周围的微表情，传达了与健康有关的信息。指甲周边不仅仅是最脆弱、最容易干燥的部位，营养物质的缺失，还会造成甲床的萎缩和倒刺的生长；而没有光彩的脆弱指甲，是再高端的美甲都难以掩饰的问题。

扭曲

骨骼和血管决定了手的形状，却并非一成不变，经常受凉或用手习惯不良，如长期握鼠标等，都会导致手指变形或骨节粗大。扭曲的表情一定不漂亮，对双手来说亦如此。选择适合女性手部大小的纤幼鼠标，可以让你在不得不使用电脑时手部处于更舒适的状态，此外紧致手霜也能帮助维持手部轮廓。

居家美手全方案

古往今来，纤纤十指就是女人展现美丽与妩媚的焦点。然而经历沧桑岁月，生活的操劳很容易在女人的玉手上刻下痕迹。即使面部妆容再精致，服饰搭配再得体，粗糙的双手也会让整体形象大打折扣，轻易泄露你年龄的秘密。

手是女人的第二张脸，没有哪个美女会喜欢自己如花似玉的小脸，搭配的却是一双"煮妇手"、"老人手"。年轻的你要想摆脱这些手部皮肤粗糙、老化的代名词，日常的手部护理必不可少。

除了去美容院做专业手护，平时在家中对手的养护更是为秀出美手打下基础、积攒资本的过程，一刻都不可疏忽。按照以下几个方面去做，相信可以让你在今后需要秀出双手的时候更加自信。

想在时间前面

花在护手上的时间应该有多少，该怎么花？每个人都有不同的方案，但它们应该有一个共同点，就是想在时间前面。不要等到皮肤已经皲裂了才急急忙忙去柜台挑选护手霜，不要等到和爱人牵手过后才为不完美的手部皮肤感到不安，即使在没有特殊场合的日子里，每周一次的护手疗程，春夏早晚各一次、秋冬每四小时一次的护手霜使用都是我们应该对双手作出的承诺。

聪明洗手

在干燥的季节里不要过多地洗手。洗手液总是比香皂要好，为了确保卫生，含有滋润成分的干洗液或消毒湿巾也是你的好帮手。每次用水洗手后，都应该补擦护手霜。

找到完美手霜

适当含量的乳果木油（Shea butter）可以保证护手产品完好地锁住皮肤中的水分，同样，其他天然的油脂成分，如鳄梨油、葵花籽油和椰子油等，都有来自自然的保湿和治愈效果。花草精油不仅仅能为护手霜增添诱人的味道，更让它们的滋润效果更上层楼，玫瑰精油自然是其中翘楚。

把角质变柔软

平时对付角质问题很简单，只要隔天热水泡澡和淋浴过后，用热毛巾轻轻按摩手上角质容易堆积的部位，如指甲周边即可，必要时还可再用美甲工具推开和剪去多余角质，最后擦好护手霜。每周应做一次去角质护理，如果没有手部专用的角质磨砂膏，用脸部产品也可以。

远离倒刺烦恼

千万不要鲁莽地撕去倒刺，除了疼痛和可能发炎之外，这对减少倒刺的产生毫无帮助，反而会让指甲周围的皮肤状况恶化。除了交给专业护手沙龙之外，如果倒刺的生长过于恼人，可以尝试用小剪子沿边缘小心地将其剪下，或用轻柔的热敷使其软化脱落。平时注意对甲周的滋润以及补充B族维生素，都是防止倒刺产生的有效手段。

防晒新重点

手的防晒比我们通常想象的要重要。脸上的雀斑还可解读为青春俏皮，但如果手上出现斑点，那么它的象征就只能有一个，那就是衰老。即使没有斑点那么严重，肤色黑黄的双手也绝对和美观不搭界，更不要说紫外线对皮肤衰老的贡献了。尤其对于生活在阳光充足地区或户外活动较多的人来说，每天早上在完成面部和身体防晒程序的同时，要记得为双手也涂好够量的防晒霜。

调整称"手"工具

虽然高科技的鼠标和键盘更像是宅男才爱的东西，但它们对时髦女郎来说同样适用。符合人体工程学的电脑配件能减少手部局部角质堆积的机会，更能确保手腕和手指的骨骼软组织健康。同理，其他经常在手头使用的工具如果会造成手的磨损和不适，也应该对其做出相应调整。

居家护手三部曲

1. 深层清洁。可选择含有蛋白质的磨砂膏混合手部护理乳液，按摩手背和掌部等粗糙部位，蛋白质及磨砂粒能帮助漂白和深层洁净皮肤，还能去除死皮，促进皮肤细胞新陈代谢。

2. 深层护理。双手涂上手膜后，用保鲜膜、热毛巾或棉手套包裹约十分钟，有助于巩固皮下组织及深层滋润肌肤。

3. 涂抹护肤品。涂上防皱润肤霜后，配合进行适当按摩，帮助手部全面吸收护肤品中的营养成分，加强润泽肌肤及锁紧已经吸收的养分，让双手皮肤迅速恢复娇嫩柔滑。

左右互搏的双手按摩

　　随时可以做"左右互搏"的自我手部按摩。用一只手的手背对另一只手的手背做环形的按摩，控制好力道，能促进血液循环，令双手温暖起来，配合护手霜，效果更好。借用精油或乳霜的润滑，从手指根部拉伸每一根手指并按摩指节，不仅对保持手指的形状和皮肤的滋润有帮助，还能通过手的灵活动作激活末端循环和神经，令人神清气爽。

1.在手背、手指涂上护手霜，也别忘了手肘。

2.由手背往手指方向，以大拇指轻推。

3.手指滑向指尖并按摩，促进手部末端血液循环。

4.指腹在指关节处画圈按摩，滋润指关节。

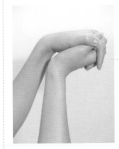

5.手指交叉紧握，来回转动手腕，帮助放松手腕、消除疲劳。

6.掌心朝下，用另一手抓住用力往下压，伸展手腕的筋脉。

7.再将掌心朝上，用另一手向下压。

8.用大拇指按压另一只手突起的大拇指根部位置，帮助消除疲劳。

进阶手护疗程

巴拿芬手蜡

- **适用条件**

平时疏于保养的快速"作弊"法，改善干性缺水、老化、粗糙的效果立竿见影。

- **美手原理**

巴拿芬蜡的主要成分是油性蜡膏，辅以植物精油、维生素和胶原蛋白等保养成分。蜡的可塑性和延展性能够让这些成分紧密地贴近每一寸手上的肌肤。而蜡在冷却过程中释放出的热量，是最好的物理疗法，不仅能促进新陈代谢、血液循环和营养吸收，还可以促进肌肤组织再生和止痛。

- **体验效果**

蜡疗的过程十分舒适，将热蜡调节到合适的温度在手上厚厚地敷一层，在20分钟左右的热敷过程中，能够感受到毛孔张开、血液循环加速。除去包裹后，肤色红润健康的变化立等可见，消失的不仅仅是细小干纹，还有指甲周围的小倒刺，连指甲也充满健康光泽。在比佛利和纽约街头随处可见的美甲沙龙中都提供这样的疗程，对于好莱坞明星和时尚潮人来说，手蜡护理不仅仅适用于特殊场合之前，也是日常保养的必备疗程。

手部光子

● **适用条件**

适合手部皮肤粗糙、毛孔粗大、颜色暗淡黑黄或缺乏弹性者，不适合皮肤较薄、被敏感困扰的手部。

● **美手原理**

光子美手的原理是用脉冲光照射皮肤深层，使皮肤深处的色素分解并随代谢排出。其收缩毛孔和紧实的效果是通过刺激皮肤胶原蛋白层的增生达成的。

● **体验效果**

每次手部的光子疗程只需要20分钟！对大忙人来说这是极好的消息。虽然治疗过程不像蜡疗那样放松舒适，会有灼热感和类似皮筋抽打的痛感，但疗程之前涂好的一层厚厚的冷凝胶可以确保绝大多数的人都能耐受治疗带来的轻微不适感；而"白嫩感"的瞬间提升会让你的投资显得回报率超高。需要注意的是，手部光子嫩肤后的一个星期都不适宜做太复杂的家务，这段时间里也要做好手部的防晒，有磨砂颗粒的护手产品应停用一段时间，给手部肌肤休养生息的空间。

手部微晶

● **适用条件**

写字？家务？电脑？弹琴？骑马？不管是什么原因令你的手上留下了角质茧皮或是疤痕的遗憾，微晶磨皮都是让双手恢复晶莹完美的一大神器。

● **美手原理**

微晶磨皮的基本原理是：通过特殊设计的喷头，将天然矿物样晶体均匀喷向皮肤表面，刺激胶原蛋白及纤维组织的快速更新。微晶磨皮就好像用最精密最轻柔的砂纸，轻轻抹去岁月和伤害的痕迹，给双手一次脱胎换骨的新生机会。

- 体验效果

　　时间由需要磨皮的皮肤面积而定，对一般程度的角质和疤痕来说，只有非常轻微的刺痛感。疗程刚刚完成后，会有轻微的红肿，但基本隔夜就可消除，期间应按医师的指导，使用低刺激性的护手产品，避免日晒、磨砂或过冷过热的环境。一般来说，磨皮对日常生活的影响非常小，但效果十分显著。微晶磨皮会让手部的皮肤触觉十分光滑，基本可以令浅层的疤痕隐形；从视觉上来说，它更有瞬间令手部皮肤晶莹透白的效果，轻轻松松让"手龄"减少5~10岁。

手部微整形

- 适用条件

　　适用于手部有比较大的瑕疵和疤痕、手型缺陷较大、动脉过于突出的人群。

- 美手原理

　　手部的解剖结构复杂，功能精妙，如果不是对美观的影响过大，或是出于病理原因，大规模的手部整形并不提倡。但一些比美容疗程更深入的"微整形"，比如注射填充和激光祛疤，可以在很大程度上弥补缺憾，让双手更完美。

- 体验效果

　　目前最常见的手部填充疗程有两种，玻尿酸填充和微晶瓷填充，效果都是令手部皮肤外观饱满，让突出的血管、骨骼和表皮皱纹变得不明显，重获有点"婴儿肥"的"青春手"或有福气的"富贵手"。而对于过大的或是时间过久的、难以用微晶磨皮去除的伤疤和斑点，则可以考虑用功效更强的激光疗法彻底解决问题。

预防颈部 "年轮"

颈部 "年轮" 是怎么长出来的?

颈部是女人的第二张名片。从25岁起,颈部就开始显露岁月的痕迹,每多一条纹路年龄就好像增加了10岁,如同树木的年轮一样。不少美女花费大量心血来呵护自己的脸颊,却常常忽略颈部护理,让无瑕妆容被一道简单的颈纹出卖。所以,颈部的护理,是守住女人年龄秘密的不二法宝。

要知道,颈部肌肤十分细薄而脆弱,颈部前面皮肤的皮脂腺和汗腺的数量只有面部的三分之一,皮脂分泌较少,难以保持水分,更容易干燥,所以颈部皮肤更容易产生皱纹。

颈部皱纹通常有两种,一种是初期老化的皱纹,十几岁时便开始出现,这种皱纹通常不明显;另一种是受紫外线影响,并随着年龄增加而加深的皱纹,这种皱纹非常明显。某些生活习惯,如频繁抬头、低头,长期伏案工作等都非常容易加深颈部皱纹。

❤ 美肤课堂

选择合适的寝具预防颈部皱纹

柔软的床铺会导致臀部和脊背下陷,使颈部长期处于前倾状态,容易形成皱纹;而过于舒适的枕头也是引起颈部皱纹的原因之一。从颈部健康角度来说,最好选择稍微硬一些的大枕头,适宜的高度是8厘米左右。入睡时,枕头应摆放在脖颈的凹陷处。

颈部护理有"膜"有"养"

面部肌肤需要清洁与滋润，颈部同样需要营养和滋润。如今市面上已出现了针对颈部皮肤的滋润霜，能对颈部皮肤进行保湿、紧致和提升。

此外，做颈部面膜也是很好的护颈方式。颈部肌肤干燥可敷保湿面膜，要去除暗沉可选择美白面膜，想增强颈部肌肤的弹性可用抗老化或胶原蛋白面膜等。切忌不要使用深层清洁面膜，否则会令颈部更干燥，纹路更明显。

颈部按摩操

日常保养中，我们可以多做做颈部转圈的按摩，不仅能预防颈部肌肉下垂，还能帮助皮肤迅速吸收营养呢。下面这套颈部按摩操，就很适合在涂抹了颈霜或按摩膏时使用。

第1步：取一元硬币大小的颈霜或按摩膏，双手由下至上轻轻推开。

第2步：头部微微抬高，用手指由锁骨往上推，左右手各做10次。

第3步：用双手在颈纹较多的部位向上推(切忌太用力)，约做15次。

第4步：最后用双手的食指及中指，放于腮骨下的淋巴位置，按压约1分钟，使淋巴循环通畅，起到排毒作用。

像护脸一样护足

居家浴足养出水嫩双足

经过夏天的曝晒，不少美女的双脚变得又黑又糙，皮肤皱巴巴的，脚跟甚至干裂出几道血口子，看上去惨不忍睹。这时，许多人会选择去洗浴中心做个足部护理，那是没错的。不过为了更省时省钱，你不妨学学居家浴足，随时在家护理保养双脚。

第1步：清洁

清洁是美足、护足的第一步。浸泡双足可以使脚部的茧子渐渐软化，但要注意水温，太凉或是太热的水都会影响效果。浸泡后，用去死皮刀把趾部已经软化的死皮慢慢推掉，动作要轻，避免用力过大，伤害到趾甲旁边的皮肤。

第2步：按摩

要想拥有美足，还要足部健康，矿物油和盐是不错的足部按摩材料。你可以先将它们均匀地涂抹在双脚上，然后，用左手按摩右脚的脚板，也可以配合足部按摩工具活络双足，接着交换方向，用右手按摩左脚的脚板，持续约5分钟。按摩能促进脚部血液循环，使劳累了一整天的双脚彻底放松。

第3步：足膜

在按摩后，轻轻敷上一层水分足膜。敷足膜时，要按从脚趾到足踝的方向敷，足膜的作用是给足部补水。10~15分钟之后，用清水洗去足膜即可。

第4步：滋润

最后，再给足部增加点营养，你可选择专用的足部乳液或者是身体润肤霜之类。润滑脚部皮肤时，注意每一处都要擦到，但不要让乳液或乳霜在脚趾间积留。

♥ 美 肤 课 堂

足部是全身最容易干燥的地方，因此还要定期选用身体磨砂膏，为双足去除角质，以使足部皮肤柔嫩光滑。

足部自我检测

想知道自己的双足够不够格迎接夏天，和真正的无瑕玉足又相差多远，不妨现在就脱下鞋袜，按下列的标准做一次自检，如果发现二十项之中的五项及以上不符合，这个夏天的护足功课，无论如何也要加油补习了！

1.双足骨骼匀称正常，没有平足、拇外翻和脚趾变形等症状。

2.皮肤健康，没有脚气和其他感染。

3.没有鸡眼和其他角质疾病。

4.趾甲健康，没有淤血和灰指甲等症状。

5.双脚排汗量正常，没有汗脚和异味。

6.没有被磨破或挤破的伤疤。

7.没有斑点和其他形式的肤色不均。

8.没有趾甲内嵌和发炎。

9.没有老茧和脚垫，走路无挤压痛感。

10.趾甲平滑有光泽，不泛黄脆弱。

11.趾甲形状修剪得宜，不过长或过短。

12.脚趾周围肌肤光滑无多余角质。

13.脚部肌肤洁净，无皮屑和毛发。

14.脚跟光滑，无开裂和多余角质。

15.如果使用甲油，甲油无开裂掉色。

16.脚踝和脚掌无水肿。

17.定期修剪指甲，去除角质。

18.至少每周做一次全面的足部护理。

19.拥有至少一支足部护理产品。

20.不保留尺码不合适或穿着不舒适的鞋子。

日常护足功课

双足会泄露不少的个人信息，而不完美不如意之处又在所难免，因此像护脸一样护足才是最精致的态度，要让它不成为一句口号，我们又该如何行动呢？

防晒从早开始

夏日凉鞋季的双足保养要从早晨开始。要接受一整天鞋子的贴身考验以及日晒风吹，每天早上上班之前务必要为双足做好准备。滋润是常规保养，选用清爽无油的乳液，可以避免角质的困扰，让双脚的肌肤看起来更柔滑细致，又不会妨碍汗液分泌旺盛的足部的正常新陈代谢。足部的防晒往往被忽略，于是一个夏天过去，脚面往往留下错综复杂的凉鞋带子形状的日晒痕迹。这些痕迹在夏天看来还算健康阳光，但一旦需要穿船鞋，就十分尴尬，所以选择一支SPF40以上的清爽防晒用在暴露在阳光下的脚面，十分必要。

防范新鞋磨脚

夏天穿着的凉鞋，有很多宽窄不同的带子设计，受力点诸多，十分容易磨破肌肤。在每一双新凉鞋上脚的时候，应该防患于未然，在一些重要的受力点比如脚掌两侧和足跟后贴好创可贴，待和新鞋磨合好之后再取下，能让脚上再无累累疤痕。

睡前做好修护

每日晚归之后洗去一身疲惫，要是有半小时读报看杂志上网刷微博的时间，不妨泡个脚，洗去深层的灰尘油脂和角质。检查甲油是否完好，补好斑驳掉色，做必要的趾甲和角质修剪，最后再涂上深层滋润的乳霜，修复受损肌肤，让足部也能在睡眠里得到充分呵护和休息。

足部问题逐个击破

针对一些常见的足部困扰，我们也有专业对策，下面就将看似最普遍又最难解决的足部问题逐一攻破。

问：足跟龟裂应该怎样解决？

答：造成足跟龟裂的原因主要有两个，一个是干燥，另一个是过分发达的角质，在对症下药之前首先要分清主次。

如果龟裂还伴有疼痛干痒，龟裂处容易发炎，或可见泛红，那么干燥就是罪魁祸首。这种情况下一定要选用有修复消炎效果的乳霜，早晚使用，让足跟肌肤得到充分的滋养，才能见效。如果龟裂伴随皮屑，没有特别明显的不适感觉，那往往是角质增生惹的祸。在这种情况下，应该选用磨砂等物理手段，或化学去角质方法，将多余的死皮去除，再做好润肤工作，防止角质因脆弱而再度干裂。你甚至有必要去医院做一次真菌检测，一些久去不掉的角质实质是脚气引起的皮层增厚反应。

问：被鞋子磨破的伤疤日积月累，脚上斑驳一片，该怎么办？

答：首先要防患于未然，创可贴可以代替你的皮肉与新鞋磨合，而不是在磨合之后用来安抚伤口。对于已经形成的疤痕，一定要避免二次受损，否则皮肤组织受损过于严重之后疤痕很难消除。消除疤痕要修复和美白双管齐下，对于不容易愈合的疤痕组织要使用薰衣草精油等修护产品，辅以消除色素沉着的美白精华，才能用最快的速度让双足恢复无瑕。

问：夏天里的汗脚要怎样才能不尴尬？

答：夏天里的新陈代谢最旺盛，对脚上本来就多汗的人来说，湿滑和可能出现的异味都令人尴尬。不要只顾使用止汗药品，对于汗脚最重要的其实是通风和除菌。保持汗液分泌蒸发通畅就不容易产生异味和感染，所以在夏天一定要穿足够"凉快"的天然材质的鞋子。而防止细菌滋生是比使用除味剂更好的避免尴尬的手段，用明矾或盐水洗脚，或是在水中滴入几滴茶树精油，都能达到除菌的目的。爽身香粉和专业除汗剂应该作为关键时刻避免尴尬的应急良品。

问：双脚肿胀起来会让鞋子小一到半个码，怎么办？

答：很多办公室一族到了午后都会双脚浮肿，尤其是在夏天，觉得鞋子里好像长出了牙齿和刀子，再也穿不住了。还有的人会在清早起床的时候脚肿，于是永远无法把那双最合脚的美丽鞋子穿出门。解决这个问题的关键是解决身体对水分的代谢问题，一般来说，一杯咖啡是比较快的治标方法，咖啡因会帮助身体很快地把水分排出体外。避免过量饮水也是一个办法，但这和为身体和肌肤补水有矛盾，我们需要避免的是摄入过多的盐和味精，导致多余的、不健康的大量饮水。调整坐姿，在办公室环境允许的前提下将脚尽量抬高对缓解水肿和提神醒脑都有帮助。如果人事政策允许，准备一双拖鞋放在办公桌下，在长时间伏案工作的时候换上，也是缓解症状的好办法。

问：天生的趾甲内嵌有办法解决吗？

答：趾甲内嵌如果严重到不断疼痛和发炎，就必须去专业医院做一个小的外科手术解决。对于没有特殊严重症状的趾甲内嵌来说，只要勤于修剪甲缘，并注意清洁甲缝，避免感染，也可以和趾甲相安无事。趾甲内嵌者在夏天美甲时需要格外注意，在清理甲床的时候不可过度，甲油也尽量避免涂过边缘，否则容易引发感染。

由内而外养出完美素颜

气血充盈，桃花美人就是你

自古至今，很多文学作品常用"面如桃花"这四个字来夸赞女性的皮肤。肌肤白皙、红润又有光泽，才堪称正宗美女。对于那些肌肤暗沉、斑点丛生的女性，美容专家总是轻描淡写地解释为肤质不同等等。那么，究竟是什么决定了皮肤的差异？为什么有的人面如锅底、面如黄花菜、面如芝麻饼，有的人却面如玉、面如桃花？归根结底，要从我们身体内部来查找原因。

气血足，才会皮肤好

中医认为，人的皮肤好坏与体内的五脏六腑关系十分密切。心、肝、脾、肺、肾这五种器官虽然深居胸腹之中，却能把各种营养物质源源不断地供给面部皮肤。如果面色红润、皮肤细腻光滑，那就是身体内脏腑经络功能正常与气血充盛的外在表现；反之，若面色无华、肌肤粗糙、斑点丛生甚至年纪轻轻就出现皱纹，则是脏腑功能与气血失调的反应。所以我们常说，面部皮肤是靠脏腑之气濡养的。

中医认为人的五脏六腑主要靠气、血的滋养，才能发挥其功能。气为血之帅，血为气之母。"气"像大帅一样，保护我们的肌肤不受伤害；而血则是女性皮肤靓丽的基础，因为皮肤的"好面子"要靠血液运送营养物质和微量元素来维持，如果血液这个"邮递员"稍微懈怠一点，人当然免不了容颜憔悴、花容失色了。

和男人相比较，女人是独特的，她们的一生总要经历这几个阶段：生理期、怀孕、生产、哺乳，或者是流产等，使得她们一生要耗掉大量的气血，因此许多女性都存在气血不足的状况。所以说，要做个健康美丽的女人，一生都应以气血为本。女性在生活中调养肌肤的要点，就是要多多"补气血"。

补气养血靠食疗

元代神医朱丹溪就曾给爱美女人指了一条道，他认为，补气养血的最好办法就是食疗。好的食物大多来自田间地头，是自然的、绿色的、环保的。女性们不妨通过食疗达到滋补气血的目的，让脸色不知不觉间一天比一天红润。像红枣、阿胶、桂圆、山药、生姜、红糖、白果、枸杞子、花生、黑豆、胡萝卜、菠菜等食物，都是经典的补血食材，上千年来不知道滋养了多少美人。而现代美女们白天对着电脑，一坐一整天，很多人肢体严重缺乏活动，身体免疫力降低，血脉不通畅，更要多多摄入这些补血宝贝。

滋补药膳知多少

药膳，顾名思义就是药物与膳食的结合，它是以药物和食物为原料，经过烹饪加工制成的一种具有食疗作用的膳食。对于气血两虚的女性而言，补气养血的药膳是最好的滋补良方，下面推荐的这几款滋补药膳，闲暇时你不妨给自己炖一锅，好好宠爱一下自己的皮肤。

牛奶炖乌鸡

材料：乌鸡500克，脱脂牛奶220克，莴笋100克，枸杞子3克，黄酒10毫升，调味料适量。

制作步骤：

乌鸡用黄酒、盐腌制半小时后放入冷水锅中煮开；将葱、姜、蒜等调料放入锅中，小火炖20分钟；再将牛奶倒入，继续炖20分钟。最后放入莴笋片、枸杞子和盐煮5分钟即可。

美丽解密：乌鸡汤有滋阴、调经、补血的作用，是古已有之的滋阴食材，有助于改善女性月经不调；枸杞子可以说是女性滋补调养和抵抗衰老的灵丹妙药，常吃枸杞子能够滋补肝肾、明目养血、增强人的免疫力。

当归枸杞茶

材料：当归3克，枸杞子9克，红枣9克。

制作步骤：

将当归、枸杞子、红枣放入锅中，倒入500毫升水，煮10分钟即可。

美丽解密：经常饮用此茶能补血调经，美容养颜。

♥ 美 肤 课 堂

服用药膳有讲究

虽然药膳有很好的滋补效果，但切记不可乱服用，最好先向中医请教，确定用哪几味药材，以及药材的分量。因为有些药材和食物相生相克，若随便将几样滋补的药材放在一起搭配食用，很容易吃出健康问题。

经常排毒，肌肤才够健康

人体内也是一个大环境，正常情况下各种循环、代谢都能井然有序地运行。但是，有一样东西，很容易破坏和谐的内环境，那就是毒素。体内堆积的毒素过多，不仅会造成各种健康隐患，宝贝肌肤也会受到牵连。很多爱美的女士会很认真地做皮肤护理，却忽略了要经常排毒这件事，所以，就算从外部给了肌肤足够的"营养"，她们的脸上依然如同贫瘠的土地，肤色暗沉，坑坑洼洼。

健康肌肤先排毒

为什么人体内会形成毒素呢？要知道，毒素的来源很广泛，抽烟、大量喝咖啡等不良嗜好；高脂肪饮食、暴饮暴食等不合理的饮食习惯；饮食中的防腐剂、香精、调料等添加剂；还有随处可见的环境污染，如辐射、噪音、水污染和空气污染等，这些都会形成体内"垃圾"，不及时清除就变成了毒素。

毒素堆积在体内后最直接的后果就是便秘。宿便堆积在肠道里，不断产生各种毒气、毒素，造成内分泌失调、新陈代谢紊乱，对肌肤影响巨大。长久便秘会使皮肤粗糙，甚至出现痤疮、雀斑、黑斑等，极大地挫伤你的自信心。因此，只有及时排出体内的毒素，保持五脏和体内的清洁，才能让肌肤养出好光彩。

食物来当"保洁员"

毒素是人体内的垃圾，自然也需要"保洁员"来清理。谁是保洁员呢？生活中的许多食物就充当了这一角色，它们能有效清除体内堆积的毒素和废物。例如：蜂蜜味甘，性平，自古就是滋补强身、排毒养颜的佳品，对润肺止咳、润肠通便皆有显著功效，而且很容易被人体吸收利用。苦瓜也是一位称职的"保洁员"，虽然味道略苦，却是解毒高手。苦瓜含有一种具有明显抗癌功效的活性蛋白质，能够激发体内免疫系统防御功能，增加免疫细胞活性，清除体内有害物质。

除了蜂蜜和苦瓜外，生活中还有很多其他食物也有排毒功效，比如下面的这两款美食，就是人们广为推崇的排毒餐，女士们不妨试试。

红薯绿茶粥

材料： 红薯100克，大米50克，糯米10克，绿茶叶5克，糖15克。

制作步骤：

将大米、糯米混合，淘洗干净，加入少量清水浸泡。将红薯洗干净，去皮，切滚刀块。在锅中加入清水烧开，将米倒入其中，大火烧开后，放入红薯，再放入绿茶茶叶，小火熬煮20分钟，吃之前取出茶叶即可。

美丽解密： 红薯属粗粮，具有通便清肠的作用，同大米、糯米一同熬煮，能滋润肠胃，促进身体内废弃物的排出。绿茶叶不但清香入味，更能清火养颜，尤其适合夏季食用。

百合炒芦笋

材料： 绿芦笋200克，鲜百合50克，红椒15克，盐适量，味精少许。

制作步骤：

将芦笋切成小段，百合剥开洗净切片，红椒切小块。待油锅烧热后，先将红椒下锅翻炒片刻，再倒入芦笋、百合快火炒熟，并加入调味料拌匀即可。

美丽解密： 芦笋清香，具有降压平脂、清肠排毒的作用。百合甘苦，能化毒排毒、润肺止咳。此菜清香不油腻，是一道排毒养颜的美食。

学会保养卵巢，保鲜女人味

为什么有的女人四十岁比三十岁时更有女人味？为什么同龄妇女有的皮肤细腻有光泽、魅力四射，有的人却皮肤粗糙、腰肥多斑、妇科病不断？这都是我们身体里的卵巢在作祟。俗话说"女人老不老，关键看卵巢"，作为一对重要的生殖器官，卵巢功能的强弱可是与肌肤问题息息相关的。

卵巢是女人的"美丽之源"

从呱呱落地开始，卵巢便伴随着女人经历时间的变迁，是每个女人一生的亲密伙伴。卵巢的主要功能包括生殖功能和内分泌功能，前者让女人具备生育能力，后者则掌握着女人的青春、魅力、健康和衰老进程，所以说卵巢是女人的"美丽之源"。

一般说来，30岁以前的卵巢较活跃，会分泌较多的雌激素，导致皮肤中的胶原蛋白含量高，皮肤水分充足、肤色好、弹性十足，这时的女性会散发出由内而外的女人味。30岁之后的卵巢由于功能逐渐减弱，雌激素分泌日渐减少，对皮肤弹性起重要作用的弹性纤维和胶原蛋白也在减少，丰满的皮肤上皮组织开始出现皱纹，额、眼角和口周等处尤为明显；皮脂腺也日渐萎缩，分泌物渐少，表皮干燥，失去滋润度，容易出现如色斑、皱纹等肌肤问题。

因此女人都要学会保养卵巢，延缓卵巢功能的衰退，这是从根本上抵制色斑、皱纹、衰老侵袭的好方法，只有这样，才能让肌肤永远绽放青春美丽。

学会科学保养卵巢

由于现代社会节奏快，人们往往精神紧张，加之很多人有不良的生活习惯，便导致内分泌紊乱。内分泌紊乱很容易影响女性的卵巢功能，使不少女人"未老先衰"。所以女人要想延长青春，留住青春，就得从日常习惯入手来保养卵巢。

- 要让自己动起来。必须适当加强运动，持之以恒，循序渐进，这有利于促进新陈代谢及血液循环，延缓器官衰老。慢跑、散步、广播操、太极拳等均是较适宜的运动。

• 已婚女性要保持和谐适度的性生活。它可以增强女性对生活的信心，使人精神愉快，缓解心理压力，对卵巢功能和内分泌均有助益。

• 注意保持良好的生活饮食规律，保证充足的睡眠和健康的饮食。多吃蔬菜水果，保证维生素E、维生素B_2等各种营养物质的吸收。平时还要注意补钙，可以多吃一些富含植物雌激素的食品，比如豆浆、豆腐以及其他豆制品等。

• 内分泌调节很重要的一点是精神因素。保持健康、愉快的心情才是呵护卵巢的关键。

不同季节的养肤之道

很多人在新年伊始，喜欢制订各种各样的生活或工作计划，那你有没有想过为自己的肌肤也制订一套可行的保养计划？其实，这很有必要。一年四季，每个季节肌肤都有不同的特点，而保养的重点当然也不尽相同，女人只有与时俱"变"，才能永葆完美无瑕的肌肤。

春季防过敏

春天是万物复苏的季节，这一时期身体机能活跃，新陈代谢加速，肌肤也充满生机与活力。但春天也是皮肤最容易过敏的季节，气温忽高忽低、忽冷忽热，外加花粉飞扬，都易引起皮肤过敏，所以，脸上很容易冒出粉刺、痘痘，偶尔还会感觉肌肤有点发痒，因此如何对抗过敏是本季保养的重点。

过敏季节要养出好皮肤，第一关是要管住自己的嘴。女士们在饮食方面要遵守诸多禁忌，像辛辣类、油炸类、烧烤类食物，还有动物高蛋白和海鲜类等食物，都有一定的刺激作用，很容易让肌肤"险象环生"，所以一定要远离或少吃。另外，海水鱼也应回避，因为海水鱼属于腥类有刺激性的食品，皮肤易过敏者的皮肤在春季尤其脆弱，吃腥类食物对皮肤无异于雪上加霜。

当然，春季养肤也要挑选有抗过敏作用的护肤品，来增强肌肤的抵御能力，减少过敏状况的发生。

夏季控油

夏天皮肤最明显的特点，就是变油了，很多人会显得"油光可鉴"的。气温每升高1摄氏度，油脂的分泌就可能会增加10％。如果日常清洁不彻底，油脂与化妆品混合在一起，很容易堵塞肌肤的毛细孔，出现毛孔粗大、肌肤暗沉等诸多问题。

所以说，在炎炎夏日，日常饮食就得顺应季节来，油炸、过甜、肥腻、辛辣的食物会使皮肤油脂分泌量增多，应尽量少吃，饮食上宜清淡些。另外，夏天最好多吃蔬菜和水果，因为它们都有助于控油。还可以多吃些富含维生素C的时令水果，如

杏、西瓜、梨等。黄瓜也不妨多吃，它可以防止淀粉转化成脂肪。

除了要在饮食上把好关外，还要做好日常的清洁工作。此外，保持心情舒畅也是一种控油的方式。因为紧张、压抑的情绪会导致肾上腺分泌荷尔蒙，刺激皮脂腺分泌更多油脂。

秋冬季防干燥

秋风飒飒，北风呼呼，每到秋冬季节，肌肤面临的最大问题就是干燥。这一时期，皮肤皮脂腺的油脂分泌量减少，水分蒸发较快，脸部易出现紧绷的感觉。同时，由于空气湿度低、多风，原本滋润细腻的皮肤看起来会有些粗糙干燥，甚至出现蜕皮现象。

因此，秋冬季节要想拥有漂亮的肌肤，就得对抗干燥，想方设法给身体保湿。除了多喝水外，许多常见的蔬菜、水果一样能起到补水的作用，如白菜的含水量高达95%，白萝卜、冬瓜、梨等食物中也含有充足的水分，所以，要想做到里外都水嫩嫩的，不妨多吃些水分充足的食物。另外，冬季皮肤抗干燥要多吃胡萝卜，因其含有丰富的β-胡萝卜素，在小肠内可以转化成维生素A。维生素A对皮肤的表皮层有保护作用，可使人的皮肤柔润、光泽、有弹性，因此又被称为"美容维生素"。

当然，保湿除了会吃以外，面子功夫同样要做好，所以，各位也要挑选适合自己的保湿护肤品。

OL一定要念的养"肌"经

对于不少OL而言，大部分时间都处于繁忙和紧张的工作当中，保养肌肤的时间大为减少。不过，OL的肌肤问题也不少：大部分时间总是处在空调房内，面对电脑屏幕，或经常需要浓妆出席某些场合……这些都是肌肤潜在的威胁，所以说，OL其实更需要关注肌肤的保养问题。

保持优质睡眠

人的睡眠时间，也是肌肤自我修复再生的时间。因此美肤专家常说睡眠才是最佳的肌肤保养方式。OL的好皮肤一样离不开酣畅的睡眠。一般而言，我们提倡早睡早起，中午有空也可以在办公室的桌子上休息一下，但尽量不要加班熬夜。时刻谨记一点，美丽是睡出来的。

当然，除了要注意睡眠的时间，睡眠的质量也很重要。要知道，肌肤新陈代谢的黄金时段就在晚上，一旦没睡好，肌肤就会闹情绪，什么老化、色斑等问题都会蜂拥而至。但是，工作压力大，OL就很容易产生焦虑、抑郁情绪，影响了体内的神经系统功能，从而导致睡眠质量变差。所以，要想越睡越美丽，不妨制定一个合理的作息时间表，将生物钟调得正常些，同时，营造一个好的睡眠环境，做个宁静睡美人。

适度脸部按摩

电脑对肌肤的最大危害就是辐射肌肤，导致肌肤氧化，慢慢出现皱纹。因此，不妨通过适度的脸部按摩来避免各种肌肤纹路的出现，尤其是在易出现表情纹的敏感地带，如眉头、眼尾、嘴角等处，可以多用无名指和中指轻轻按摩。此外，偶尔感觉压力大，肌肉紧绷时，也可以用轻抚脸庞的方式，来舒缓肌肉压力，放松心情。

♥ 美 肤 课 堂

别忘了勤给电脑"洗洗澡"

　　一些OL经常会忽略对电脑进行清洁，用完电脑后也不及时洗手，直接就用手去摸脸、揉眼睛。要知道，电脑屏幕、键盘上布满了灰尘与细菌，不及时清洗就容易将电脑上的细菌带到脸上，给皮肤造成种种麻烦。

非常时期，非常保养

每个女人都有一个相伴多年的"好朋友"，那就是月经。这个"朋友"可不简单，每月的来访都会把我们搅得心神不宁，这也不能吃，那也不能碰，而且得坐有坐相，连躺着都不能无拘无束。最严重的是，"好朋友"一来，不少女人就要花容失色了。

非常时期的肌肤问题

在"好朋友"到访期间，肌肤也会发生相应的变化。在经期前一两天，受体内荷尔蒙的影响，不论是面部皮肤还是头皮，皮脂腺的分泌都会比较旺盛，导致油脂过多，感觉脸上疙疙瘩瘩的。皮脂分泌旺盛不但会导致皮脂阻塞毛细孔，同时容易形成色素，使脸上黑斑大量增加。

经期中，肌肤的角质层会逐渐变厚，所以容易产生粉刺、湿疹等，皮肤变得敏感，有些人还会面部发红。若是睡眠不足，眼周血液循环不畅，更易出现黑眼圈，变成"熊猫眼"。同时，由于体内大量失血，不少美女会变得面色苍白，皮肤干燥。

此外，有些女性还不幸地伴有痛经症状，每次都痛得死去活来，脸色自然也好不到哪儿去。

漂亮可以吃回来

特殊时期的肌肤需要特殊护理。要想缓解因痛经、失血造成的肌肤问题，让脸色红润、娇颜焕发，最好的办法还是靠饮食调节。一些蔬菜、谷类、全麦面包、糙米、燕麦等食物都有调经镇痛的作用。同时，为了补充血液流失带走的铁元素，可以多吃一些黑芝麻、黑木耳、黄豆、蘑菇、红枣、红糖、芹菜之类的食物，这些都是补血的"功臣"，能让经期女性的气色逐渐恢复白里透红。

另外，非常时期的饮食也有许多禁忌，像冬瓜、茄子、丝瓜、黄瓜、蟹、田螺、海带、竹笋、橘子、梨子、柚子、西瓜等都属于凉性食物，最好不要食用。这些冰冷的食物进入肚子后，易使体内血液受冷，使血液流通受阻，容易产生血块，造成经痛，长期如此，还可能落下妇科病。

经期不可过量吃甜食

为了缓解疼痛，不少女士选择在经期大量吃甜食，其实作用并不大。摄取过多的糖分，让体内血糖一会儿高，一会儿低，反而容易增加焦虑感，影响体内荷尔蒙的平衡，加重经期不适。

日常注意事项

由于月经期间体内大量失血，因此在这段时间更要注意休息，保证充足的睡眠。因为经期皮肤的敏感性增强，容易出现过敏反应，所以还应避免使用过多的化妆品。

另外，建议你在月经期间适当地按摩皮肤，以改善眼周皮肤的血液循环，消除黑眼圈。还可以通过适量的舒缓运动来缓解腹部充血的现象，当然，要避免剧烈和长时间的运动。

"汉方"美人汤知多少

中华饮食文化博大精深，汤汤水水也颇有讲究，透着深厚的文化积淀，既要吃得开心，又要吃得健康，吃得美丽。聪明的女人，会从老祖宗的汤水中寻找到美丽肌肤的秘密，不信，你就试一试。

四物汤

四物汤是补血、养血的经典方剂，被称为"妇科养血第一方"，由当归、川芎、熟地黄、白芍四味药组成。它最早记载于晚唐蔺道人著的《仙授理伤续断秘方》，历史十分悠久。

材料：当归10克，川芎10克，白芍10克，熟地黄15克。

制作步骤：

这份药材可连续煮两次，第一次将材料加三碗水煎煮成一碗即熄火，滤渣取汤汁饮用；第二次将上次煮过的材料加两碗半水煎煮成半碗，滤渣取汤汁饮用。

用法：早晚空腹饮用，但是药材煮过之后最好不要放置隔夜再煮。

美丽解密：当归的首要功效就是补血调经，此外还有润泽肌肤的功效；熟地黄能对付女性脸色苍白、头晕目眩、月经不调，与当归配伍还能增强当归的补血、活血疗效；川芎既为妇科主药，又是治疗头痛的良方，能影响内分泌系统，减轻心情焦虑及沮丧等经前症状；白芍，主要功能是养血柔肝，治疗月经不调。

绿豆薏仁鸭腿汤

材料：鸭腿2只，薏仁25克，绿豆25克，陈皮少许，盐少许。

制作步骤：

鸭腿用水汆烫，冲洗干净；将汆烫过的鸭腿和淘洗净的薏仁、绿豆、陈皮一起放入砂锅中，加足量水，大火煮20分钟，撇去浮油，再小火煮2个小时；出锅前加少许盐调味即可。

美丽解密：这款绿豆薏仁鸭腿汤，具有很好的美白祛斑、祛痘效果。鸭肉中含有的B族维生素和维生素E，能清除人体多余自由基，有抗衰老的作用。薏仁中含有糖类、蛋白质、脂肪、膳食纤维、维生素、钾、钙、铁等营养素，长期食用可以软化皮肤角质，使皮肤光滑，减少皱纹，消除色素斑点。绿豆性凉味甘，有清热解毒、止渴消暑、利尿润肤之功效。

枸杞银耳汤

材料：白木耳20克，枸杞15克，冰糖1大匙。

制作步骤：

白木耳洗净，泡软，撕成小朵；枸杞洗净备用。将所有材料放入锅中加入2~3杯水炖煮约30分钟，再加入冰糖煮至糖融化即可。

美丽解密：此汤具有养阴润肺、美白祛斑、降火气的作用。中医认为银耳有强精、补肾、润肺、生津、止咳、清热、养胃、补气、和血之功，常服银耳汤，可起到嫩肤、祛斑、美白、美容的效果。枸杞不仅是一味常见的中药，也是美容佳品。枸杞中含有大量胡萝卜素、维生素、磷、铁等营养物质，常吃枸杞能增强免疫力，抗疲劳，抗衰老。此外，枸杞还可以提高皮肤吸收养分的能力，起到美白的作用。

红枣山药排骨汤

材料：山药，红枣，排骨，葱段，姜片，绍酒，枸杞，鸡精，盐。

制作步骤：

将排骨剁小块洗净，山药去皮切滚刀块，排骨和山药分别氽水捞出。锅中放清水烧开后放入排骨、葱段、姜片、绍酒煮30分钟，加入山药、红枣、盐、鸡精调味再煮10分钟，出锅前放入枸杞即可。

美丽解密：这道靓汤不仅味美，而且有很好的滋补气血、润泽肌肤的功效。红枣自古以来就是补血的精品，尤其适合经期后的女性服用。山药虽然貌不惊人，但却含有大量淀粉及蛋白质、B族维生素、维生素C、维生素E、胆汁碱、尿囊素等，是一种营养丰富的食品。此外，山药有滋养皮肤、毛发的功能，尤其适合冬季肌肤干燥者食用。